职业教育传媒艺术类专业新形态教材

H5设计与制作

HTML5 SHEJI YU ZHIZUO

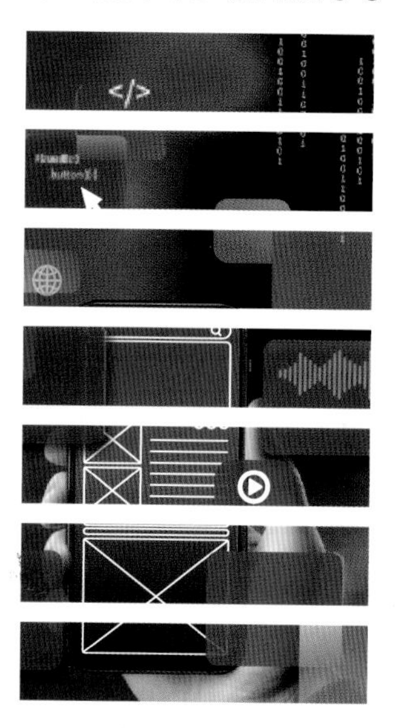

主　编　罗　玥　唐　倩　余龙江

副主编　肖　洒　尹　静　陈　敏　俞　明　曹凯峰

重庆大学出版社

图书在版编目（CIP）数据

H5设计与制作/罗玥，唐倩，余龙江主编.--重庆：重庆大学出版社，2024.6

职业教育传媒艺术类专业新形态教材

ISBN 978-7-5689-4015-3

Ⅰ.①H… Ⅱ.①罗…②唐…③余… Ⅲ.①超文本标记语言—程序设计—职业教育—教材 Ⅳ.TP312.8

中国国家版本馆CIP数据核字（2023）第150414号

职业教育传媒艺术类专业新形态教材

H5设计与制作

H5 SHEJI YU ZHIZUO

主　编　罗　玥　唐　倩　余龙江

副主编　肖　洒　尹　静　陈　敏　俞　明　曹凯峰

策划编辑：席远航　蹇　佳

责任编辑：蹇　佳　版式设计：蹇　佳

责任校对：王　倩　责任印制：赵　晟

重庆大学出版社出版发行

出版人：陈晓阳

社　址：重庆市沙坪坝区大学城西路21号

邮　编：401331

电　话：（023）88617190　88617185（中小学）

传　真：（023）88617186　88617166

网　址：http://www.cqup.com.cn

邮　箱：fxk@cqup.com.cn（营销中心）

全国新华书店经销

印刷：重庆市国丰印务有限责任公司

开本：787mm×1092mm　1/16　印张：9.25　字数：220千　插页：16开4页

2024年6月第1版　2024年6月第1次印刷

印数：1—2000

ISBN 978-7-5689-4015-3　定价：69.00元

—— 序

PREFACE

在“全媒体”时代背景下，融媒体内容创作技术不断革新，数字化交互技术应用广泛，媒介的演变也给设计带来了新挑战。作为“国家职业教育视觉传达设计专业教学资源库联建课程”和“数字媒体技术专业国家级教师教学创新团队建设课程”的配套教材，本教材落实了职教思政建设的要求，引用了国家战略“职教二十条”制度，对标了行业产业前沿技术标准，通过任务准备、任务实施、任务总结来构建教材内容，采用项目任务的实践学习、企业案例的探究学习、数字资源的自主学习“三种学习方式”，强化对通用、专业、综合“三段能力”的培养，提升学生融媒体创作能力。

重庆工商职业学院数字媒体技术专业国家级教师教学创新团队建设以来，联合行业、产业、企业，共同制订人才培养方案，按照职业岗位（群）的能力要求，及时将新技术、新工艺、新规范纳入课程标准和教学内容，提炼出具有代表性的典型工作任务与岗位能力要求，定位的四个核心职业岗位的岗位能力标准。通过整合四个核心岗位能力标准，确定专业的六个岗位职业能力模块，包括职业基本素养模块、设计基础模块、动态视觉特效模块、媒体化设计模块、数字产品交互设计模块和综合运用模块。媒体化设计模块中的 H5 设计与制作课程教学资源建设，紧扣国家政策文件，融合“行、企、校”三方标准，组织创新团队成员、院校单位、合作企业共同编写，探索现代职教教材体系。

本教材遵循“ 1+X 证书”职业岗位标准与学校数字资源建设、应用及评价的标准，规范教学技能点，配套数字化教学资源，优化教学效果，及时总结一体化、活页式、工作手册式“双元”教材开发经验，为专业共享型教学资源库建设提供服务。

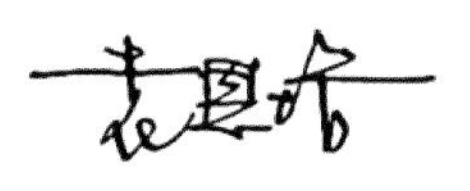

2024 年 1 月

下载任务中使用
的Word表格

注：图中二维码仅为示意无内容，单独列出的二维码可扫描后链接数字化教学资源。

前言
FOREWORD

《H5 设计与制作》以开发校企双元合作下的真实项目案例为驱动，以全媒体运营师（职业岗位）、H5 设计与制作（同类专业课程）、全国新职业技能竞赛“全媒体运营师”竞赛、1+X《融媒体内容制作》职业技能等级证书内容为主线，引用可视化 H5 页面设计与制作的项目制作内容，对应行业“岗课赛证”培养考核标准，运用纸质教材 + 线上操作视频实施编写。

本教材在编写中融入党的二十大精神，以爱国主义、人文素质、科技强国、工匠精神教育为核心，落实立德树人根本任务，提高人才培养质量。一方面，强调 H5 技术在信息社会的重要作用，以及人才市场对全媒体运营师（新职业）的巨大需求，提高学生的求知欲望和学习热情，培养学生的职业素养和道德修养；另一方面，多措并举调动学生的主体性，发挥学生参与课程思政的积极性、主动性和创造性，加强学生解决问题的实践能力，弘扬职业精神、劳动精神，倡导知行合一，让学生在实践中敢闯会创，增强创新精神、团队意识和创业精神。从两条路径出发，探索“形势热点、文化知识、行业信息、时代精神”四个维度，立足新时代，传播正能量。

本教材主要内容：

模块 1　H5 平台页面编辑，讲解易企秀和木疙瘩平台基本操作，使读者了解模板类和专业类 H5 编辑器的制作流程。

模块 2　H5 交互动画制作，主要介绍 1+X《融媒体内容制作》职业技能等级证书交互动画制作相关案例，让学生了解并掌握木疙瘩平台预置动画、关键帧动画、加载页制作、进度变形动画、元件动画等多种交互动画制作方法，提升学生可视化 H5 页面交互动画制作技术。

模块 3　H5 交互效果制作，主要介绍 1+X《融媒体内容制作》职业技能等级证书交互效果制作相关案例，让读者了解并掌握木疙瘩平台基础交互控制、微信定制、交互效果工具使用、数据收集、虚拟现实页面制作、考题制作、实用工具应用等多种交互效果制作方法，提升学生可视化 H5 页面交互效果制作技术水平。

模块 4　H5 作品案例分析，引入企业项目案例，分析“大广赛”作品、全媒体运营师竞赛样题，以赛促教，引导学生养成工匠精神，树立正确的价值观、人生观。

通过课程的讲授和训练，达到以下教学目的：

（1）掌握全媒体运营师、H5 设计与制作、融媒体内容制作等专业基础理论知识；

（2）掌握易企秀和木疙瘩平台可视化 H5 页面设计与制作的基础理论及相关项目操作技术；

（3）熟悉全媒体运营师岗位技能要求；

（4）熟悉学生职业技能竞赛全媒体可视化作品制作的基本技能；

（5）掌握融媒体内容制作，通过“1+X”职业技能等级证书考核；

（6）熟悉交互动画、交互效果的设计与制作。

本教材主要面向新媒体艺术领域，网页设计与制作、网站美工、平面设计与制作、动画设计与制作、广告设计与制作、新闻采编、市场营销推广、媒体设计与制作等岗位，主要完成企业宣传、互动广告、交互新闻等融媒体内容产品的规划、设计、制作、发布等工作。

本教材由校企双元合作开发，罗玥、唐倩、肖洒、尹静、陈敏、俞明老师，是重庆工商职业学院传媒与设计学院教师，其中 3 位教师获得“1+X”融媒体内容制作（高级）师资培训证书，在平面设计、广告创意与表现、H5 设计与制作方面具备丰富的教学经验。余龙江老师是重庆安全技术职业学院教师，擅长分析案例及技术考点，获中华人民共和国第二届职业技能大赛全媒体运营赛项优胜奖，获 2022 年全国行业职业技能竞赛“北测数字杯”全媒体运营师（短视频制作与传播）竞赛全国总决赛职工组一等奖。来自企业的曹凯峰是北京北测数字技术有限公司（北测数字）总经理，深度参与本书编写。特别感谢北京乐享云创科技有限公司、北京北测数字技术有限公司（全国新职业技术技能大赛和全国行业职业技能竞赛全媒体运营师赛项的技术支持企业，职业技能等级认证单位。目前，北测数字已与全国上百所高校开展深度校企合作，覆盖全国 26 个省级行政区域，涵盖了 985 和 211 高校、应用型本科、高职院校、中职学校和上百所技工院校，十多年以来通过线上线下模式培养学生达十万余人）、重庆华龙网教育集团、重庆美亿文化传播有限公司、重庆根号二品牌设计有限公司为本教材提供商业实战案例。

由于作者水平有限，书中难免存在错误和不妥之处，敬请广大读者批评指正。

重庆工商职业学院

国家级职业教育教师教学创新团队

2024 年 1 月

目录
CONTENTS

模块 1
H5 平台页面编辑

素材1

知识导读

理解创建 H5 作品的前期设计规范，认识易企秀、木疙瘩等 H5 交互动画制作云平台，了解其基本功能和基本流程，掌握创建与编辑作品的方法，能够根据需求方要求利用融媒体制作平台进行基本的融媒体内容制作。

学习目标

（1）了解 H5 的基本概念、应用领域、常用设计工具。

（2）树立创新意识、垃圾分类意识，践行绿色发展理念。

（3）正确理解项目任务要求。

（4）掌握易企秀、木疙瘩平台基本操作流程。

能力目标

（1）理解 H5 的设计流程。

（2）掌握 H5 页面尺寸设计规范。

（3）掌握易企秀、木疙瘩平台作品创建、页面设置与编辑的方法。

任务 1　H5 平台页面编辑前期准备

使用 H5 媒体平台编辑制作 H5 作品前，首先需要了解 H5 的基本概念、应用领域、设计制作工具，掌握 H5 作品设计与制作的基本流程与规范，为使用融媒体平台做好 H5 创建准备工作。

（1）H5 的基本知识

我们今天提及的 H5 广义上是指第 5 代 HTML，HTML 是超文本置标语言的英文缩写，浏览器通过解码 HTML，呈现网页内容。其实，H5 离我们的生活并不远，它可能是一个宣传广告，也可能是一个邀请函。H5 摒弃了以静态图片和文字为主的展示形式，视觉内容多以动态的效果呈现，还包括声效和各种功能（比如表单功能、动画交互功能、重力感应功能，虚拟现实功能等）。同时，它兼容 PC 端与移动端、Windows 与 Linux、iOS 与安卓，都可以轻松地移植到各种不同的开放平台和应用平台上。

新华社推出的创意 H5 作品《2022，送你一张船票》（图 1-1），以轮船的航行为线索，在回顾党的发展历程中，展现中国共产党高举中国特色社会主义伟大旗帜，为全面建设社会主义现代化国家而团结奋斗的精神。作品多处交互设置了引导提醒，让用户在观看的同时，能思考和参与，特别是最后生成的船票，既与用户相关，又精美好看，寓意一起向未来。

总的来说，H5 集文字、图片、图表、插画、动效、交互、音频、视频于一体，具有融媒体、强交互、跨平台、可监测、易传播等技术特点与优势，已经成为一种重要的数字广告传播形式。

图 1-1　新华社 H5 作品《2022，送你一张船票》

《2022，送你一张船票》作品视频

（2）H5 产品应用领域

H5 产品应用领域广泛，按照不同行业和不同用途分类，大致可分为广告营销类 H5、新闻传播类 H5、游戏类 H5、其他行业类 H5。

广告营销类 H5 是企业在整合营销过程中重要的组成部分。比如，网易云音乐品牌宣传 H5 作品《2021 年度听歌报告》（图 1-2），既可获取用户当年的听歌数据，又可黏合老用户，在老用户分享听歌报告的同时，引导新用户下载 App。

在新闻传媒行业中 H5 也应用得非常广泛。第二十八届中国新闻奖首次设立媒体融合奖项，自此许多 H5 作品荣获该奖。H5 不仅丰富了新闻报道的内容和形式，引发新闻的可视化变革，也对新闻的传播有极大的促进作用。例如，央视财经客户端发布的 H5 作品《幸福照相馆》（图 1-3），获得第二十九届中国新闻奖一等奖。作品以春节照全家福为切入点，基于腾讯天天 P 图首创的“多人脸融合”技术，以人文情怀与创新手段，向改革开放 40 年致敬，记录温馨时刻，传递浓厚情感，用户触达 173 个国家和地区，形成量级传播。

《2021年度听歌报告》作品视频

图 1-2　网易云音乐 H5 作品《2021 年度听歌报告》

《幸福照相馆》作品视频

图 1-3　央视财经 H5 作品《幸福照相馆》

H5 小游戏受益于数字媒体时代引擎新技术革新，能够支撑游戏的多样化呈现。H5 作品《正品溯源接力赛》（图 1-4），集合了选配、赛车等游戏环节，优化用户体验效果，在一定程度上助推商业品牌的社交传播。

（3）H5 常用的设计工具

①方案策划工具：项目定位是需要策划人员、设计人员、技术人员多方沟通交流，也需要头脑风暴，以 PPT（图 1-5）或 XMind（图 1-6）等工具拟定出策划方案。

②图形图像设计与制作工具：在 H5 领域，Photoshop（图 1-7）是 Adobe 产品里极为强大

《正品溯源接力赛》作品视频

图 1-4　H5 作品《正品溯源接力赛》

的综合应用软件，PSD 文件可直接导入 H5 制作编辑平台。Illustrator（图 1-8）作为另一款 Adobe 产品，是专业的矢量图绘制软件，弥补了 Photoshop 多图层来回操作的烦琐。Ai 在字体、图形、插画设计上更有优势。

图 1-5　PowerPoint 软件图标

图 1-6　XMind 软件图标

图 1-7　Photoshop 软件图标

图 1-8　Illustrator 软件图标

③设计原型开发工具：设计原型开发通常会采用 Axure RP、Sketch、Adobe XD、墨刀、摩客 Mockplus 等工具（图 1-9 至图 1-13）。

图 1-9　Axure RP 软件图标

图 1-10　Sketch 软件图标

图 1-11　Adobe XD 软件图标

图 1-12　墨刀软件图标

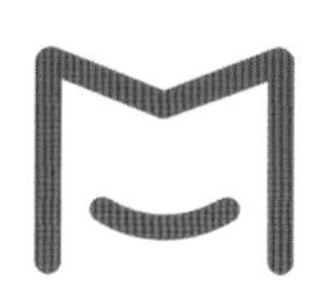
图 1-13　摩客 Mockplus 软件图标

④音频、视频编辑工具：H5 作品中经常会使用音频、视频素材，Adobe Premiere（图 1-14）相对比较专业，初学者可以选择会声会影（图 1-15），还可以用剪映、VUE 等短视频拍摄和处理 App 对音频、视频素材进行加工。

⑤文件格式转换工具：H5 可插入 MP4 视频格式，MP3 音频格式。如果素材并不是指定的格式，可用格式工厂（图 1-16）对需要修改的文件进行格式转换。

图 1-14　Adobe Premiere 软件图标

COREL® 会声会影®

图 1-15　会声会影软件图标

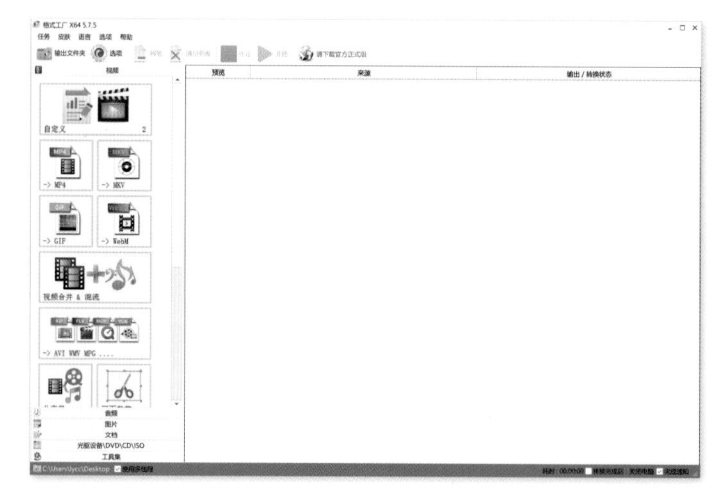
图 1-16　格式工厂软件操作界面

⑥ H5 在线编辑工具：分为模板再设计类和功能定制类。

模板再设计类主要有易企秀（图 1-17）、MAKA（图 1-18）等，简单易学，可以快速高效地在原有模板基础上进行再次设计，但功能相对有限。

功能定制类主要有：木疙瘩、iH5、意派·Epub360（图 1-19 至图 1-21）等，有比较系统的操作界面，功能也比较全面，可以根据设计需求做多种动画效果及交互效果。

（4）H5 的设计流程

在 2016 年暑假，故宫联合腾讯推出了在北京举办的大学生创新大赛 NEXT IDEA，出品了一个带有谐趣和穿越特征的古装说唱类 H5 作品《穿越故宫来看你》（图 1-22），这个作品以“让传统文化活起来！”为定位，用年轻化、通俗化、娱乐化的方式来吸引大学生关注中国传统文化。

图 1-17　易企秀软件图标

MAKA

图 1-18　MAKA 软件图标

图 1-19　木疙瘩软件图标

图 1-20　iH5 软件图标

图 1-21　意派·Epub360 软件图标

《穿越故宫来看你》作品视频

图 1-22　古装说唱 H5 作品《穿越故宫来看你》

第一步：了解需求，拟定策划方案。每个 H5 的设计都是建立在具体需求之上的，不管是为谁做，一定要清楚为什么要做这个 H5，设计目的是什么。

第二步：执行计划，确定表现形式。完成策划方案后需要进一步细化，并制订具体的执行计划，确定美术风格。

第三步：设计表现，产品原型设计。H5 设计师需具备视听语言搭配、动效设计等方面的综合能力。

第四步：技术实现，开发制作发布。生成 H5 分为有代码技术实现和零代码技术实现两种方法。

有代码技术实现方式：H5 设计师把做好的素材（包含 PSD 文件、PNG 切图、矢量文件、MP3 音频、视频文件等）发给前端技术工程师，前端技术工程师用代码编辑的方式将元素放置到服务器并生成 H5 网页（图 1-23）。

图 1-23　有代码技术实现的页面

零代码技术实现方式：H5 设计师把做好的素材上传到第三方编辑器平台，借助平台的动效交互功能进行页面编辑并发布，信息传播更为高效快捷。

（5）H5 页面尺寸设计规范

在新建 H5 页面时，先要对页面尺寸进行设定，H5 的跨端响应式特征，把 H5 页面的尺寸规范简化很多，只需设计一个页面就可以响应大多数的手机屏幕。

实际页面尺寸的大小与主流用户使用手机屏幕的分辨率息息相关，这里需要了解一下手机分辨率的两种说法：物理像素和逻辑像素。

物理像素指密度，是手机屏幕所支持的分辨率。

逻辑像素指软件可以达到的分辨率。

由于 iOS 和 Android 的开发工具不同，逻辑像素在两个平台的单位名称也不同，iOS 是 pt，Android 是 dp，设计师可以简单理解为：pt=dp。

在制作 H5 的时候，采用逻辑像素作为画面的大小（图 1-24）。

iPhone 机型分辨率分类表			Android 机型分辨率分类表		
iPhone 代表机型	逻辑像素 pt	物理像素 px	Android 代表机型	逻辑像素 dp	物理像素 px
6/6S/7/8/SE 2	375×667	750×1 334	荣耀畅玩 5	360×640	720×1 280
6+/6S+/7+/8+	414×736	1 080×1 920 （1 242×2 208）	OPPO A5	360×760	720×1 520
X/XS/11 Pro	375×812	1 125×2 436	小米 MIX 2	360×720	1 080×2 160
XR/11	414×896	828×1 792	红米 Note 7	360×780	1 080×2 340
XS Max/11 Pro Max	414×896	1 242×2 688	Vivo S9	360×800	1 080×2 400
12/13 Mini	360×780	1 080×2 340	华为 Mate X2	733×827	2 200×2 480
12/13/14 12/13 Pro	390×844	1 170×2 532	华为 Mate 20 Pro	360×780	1 440×3 120
12/13 Pro Max 14 Plus	428×926	1 284×2 778	三星 Galaxy S21 Ultra	360×800	1 440×3 200

图 1-24　常见手机分辨率

任务 2　易企秀平台页面编辑

易企秀是一款在线 H5 制作工具，通过丰富的模板、直观的界面、便捷的输入、个性化的设置，可以快速的制作出 H5 作品。

1.2.1　易企秀平台创建作品

（1）易企秀平台账号注册

登录易企秀官网平台。通过台式或笔记本电脑，连接 Internet，打开浏览器，搜索“易企秀”或输入网址，进入主页面（图 1-25）。

点击主页面右上角的“注册”，可通过微信扫二维码或其他方式进行账号注册（图 1-26、图 1-27）。

图 1-25　网页版易企秀主页面

图 1-26　通过微信注册页面

图 1-27　其他注册方式页面

（2）易企秀创建设计

①个人主页面。注册完成后登录账号，点击“工作台”（图 1-28），就会进入到个人的“创作主页”，点击“创建设计”（图 1-29），可选择 H5、海报、长页、表单、视频、互动等多种模板（图 1-30）。

工作台

创建设计

图 1-28　进入工作台

图 1-29　开始作品创建

图 1-30　多种类型模板选择

②模板创建。例如，选择 H5——在线招聘中的某个模板，点击“免费制作”（图 1-31），会自动进入编辑平台中（图 1-32）。

图 1-31　免费制作

图 1-32　易企秀编辑制作平台（模板）

③空白创建。例如，点击 H5 中“竖版创建”或“横板创建”、海报和长页中的“空白创建”（图 1-33 至图 1-35），都会以空白页的方式进入编辑平台中。

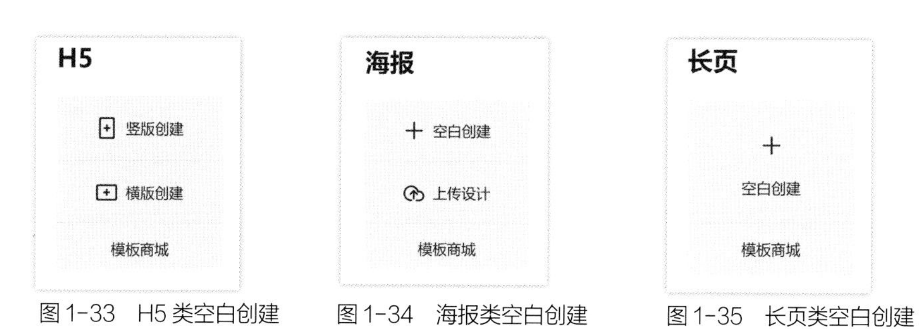

图 1-33　H5 类空白创建　　图 1-34　海报类空白创建　　图 1-35　长页类空白创建

1.2.2　易企秀基本操作流程

（1）易企秀界面

界面左侧有图文、单页、装饰、艺术字等元素模板，界面上方是可插入编辑的各种元素工具，界面右侧是页面栏，包括页面设置、图层管理、页面管理等（图 1-36、图 1-37）。

（2）H5 内容制作

界面中心的空白页面是内容制作区，自动标注有常规屏、主流屏、全面屏三种页面规格，可根据作品制作需求添加相应大小的页面内容。

点击“文本”工具，在页面双击即可编辑文本。组件设置会自动弹出，方便进行样式、动画、触发条件的设置（图 1-38）。

（3）易企秀页面设置与管理

在制作 H5 的过程中，需要编辑不同的页面，而页面的管理需借助界面右侧的页面管理功能来实现。

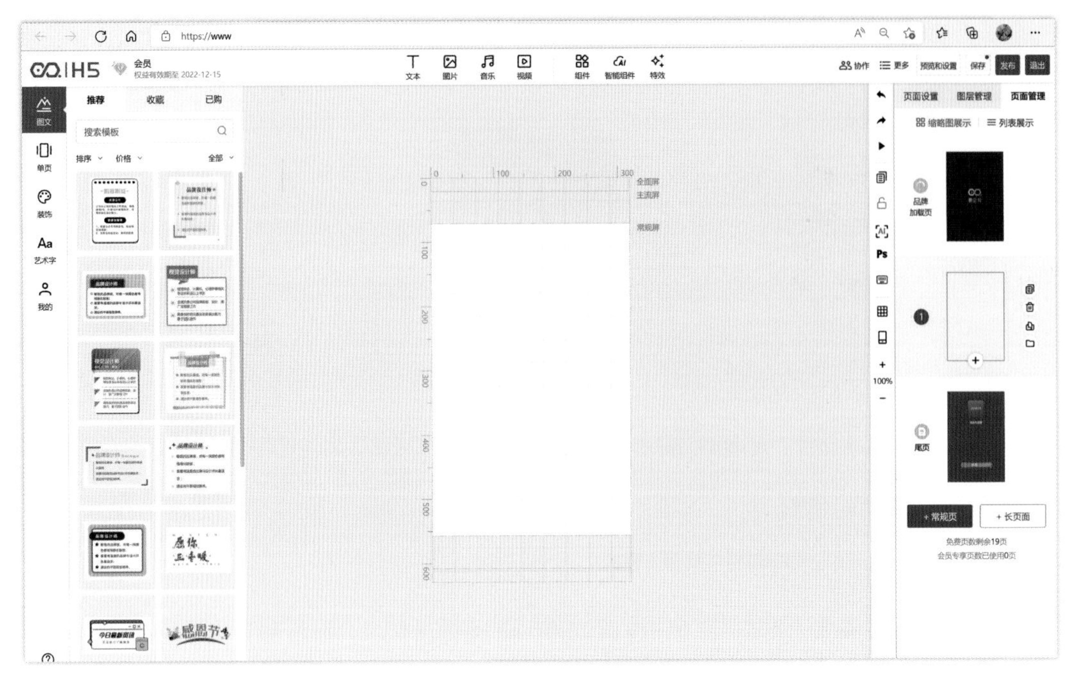

图 1-36　易企秀编辑制作平台界面

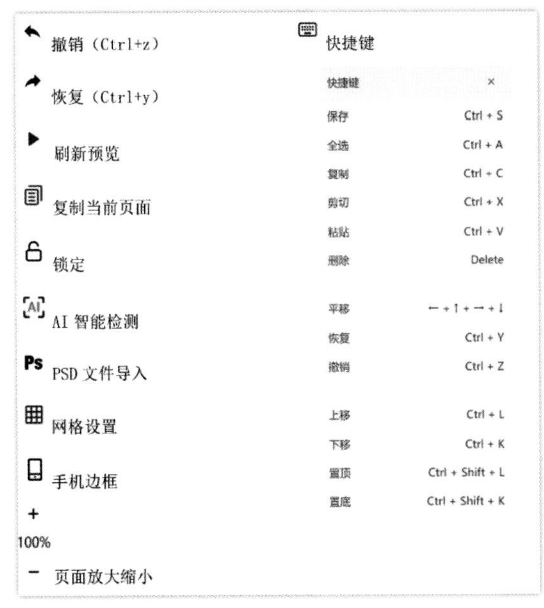

图 1-37　快捷功能

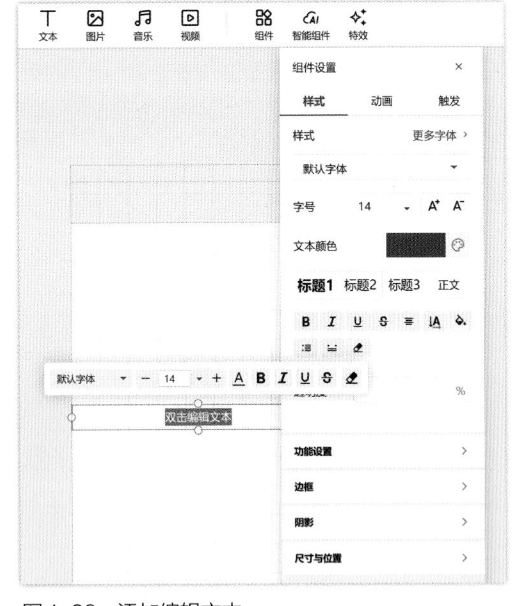

图 1-38　添加编辑文本

点击“页面设置”，可对透明度、背景动画、页面滤镜、翻页效果、背景音乐进行设置。

①背景设置。在背景中，可以添加图片背景，点击“+”号会显示很多分类的背景，可供自由选择，还可以通过手机上传和本地上传的方式替换图片。除了图片背景，也可以设定纯色背景，并可设置透明度及背景动画效果和时间。

②页面音乐。点击“添加页面音乐”。

③翻页设置。其有禁止滑动翻页和自动翻页的设置。如果选择了禁止滑动翻页，就需要点击使用其他的链接来实现翻页效果，自动翻页则需要设置自动切换页面的时间，确保用户体验流畅（图1-39）。

点击“页面管理”，新建的页面都是空白的。点击右侧 +常规页 ，就可以增加一个新的页面，通过多次点击可以得到所需要的页面数。点击右侧 +长页面 ，下面有一个可拖拽的提示（图1-40），可以调整页面尺寸，在不同的手机屏幕上观看时，通常可以自动适配手机大小，上下滑动会直接切换到下一个页面，可以展示更多的内容信息。

复制当前页面：就是复制当前页面所有效果，增加一页。

设置当前页面翻页：可选择多种常规或特殊翻页效果，并对当前或全部页面进行应用设置。

存为我的模板：将当前编辑好的页面作为模板，便于以后直接再次使用，存储位置在界面左侧单页模板“我的”里面。如何使用我的单页模板呢？点击选择需要使用模板的页面，点击“保存我的模板”，就会直接套用过来。

（4）易企秀页面图层管理

①管理单个图层。选择一个图层，眼睛图标控制元素可见及隐藏，锁形图标控制元素是否需锁定。有时页面图层较多，锁定做好的图层会避免编辑时误操作，这是针对单个图层的设置。

②管理多个图层。当页面图层较多的时候，可以使用 分组 这个功能，点击“分组”，会自动生成一个组合，把需要编组的图层直接拖进组合层就完成了一个分组，也可以拖出来进行拆分。复制删除比较简单，这里就不展开讲解。

③图层顺序。面板中的上下层和画面中的上下层一致，如果发现有元素不应该被遮挡，那就用鼠标左键上下拖动图层，检查图层的上下层关系，再进行修改编辑。

④图层重命名。新添加的元素都默认显示，元素过多不便于记忆，可以通过直接双击图层将图层重命名为与图层内容相关的名字，方便定位编辑（图1-41）。

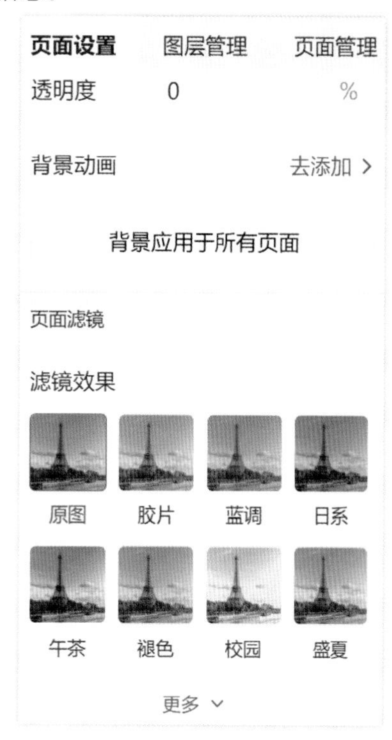

图1-39　页面设置

可拖拽调整页面长度

图1-40　可拖拽的提示

矩形
小鸟
丝带
职等你来
春暖花开

图1-41　图层重命名

（5）保存和删除 H5 作品

点击界面右上角的“保存”，完成保存后，可以在创作主页里看到做好的相关作品（图1-42），点击单个作品中的“编辑”（图 1-43），可再回到平台界面中继续修改完善。如果对作品不满意，可以点击作品右上方图标 •••，选择“删除”即可（图 1-44）。

图 1-42　作品存储位置

图 1-43　再次编辑

图 1-44　删除作品

（6）设置与发布

点击界面右上角的“预览和设置”，可浏览作品。分享设置包括：更换封面、标题、描述、浏览样式、分享样式和去广告等功能选择；作品设置包括：翻页方式，添加红包，底部菜单，自定义音乐图标的修改、更换等（图 1-45）。

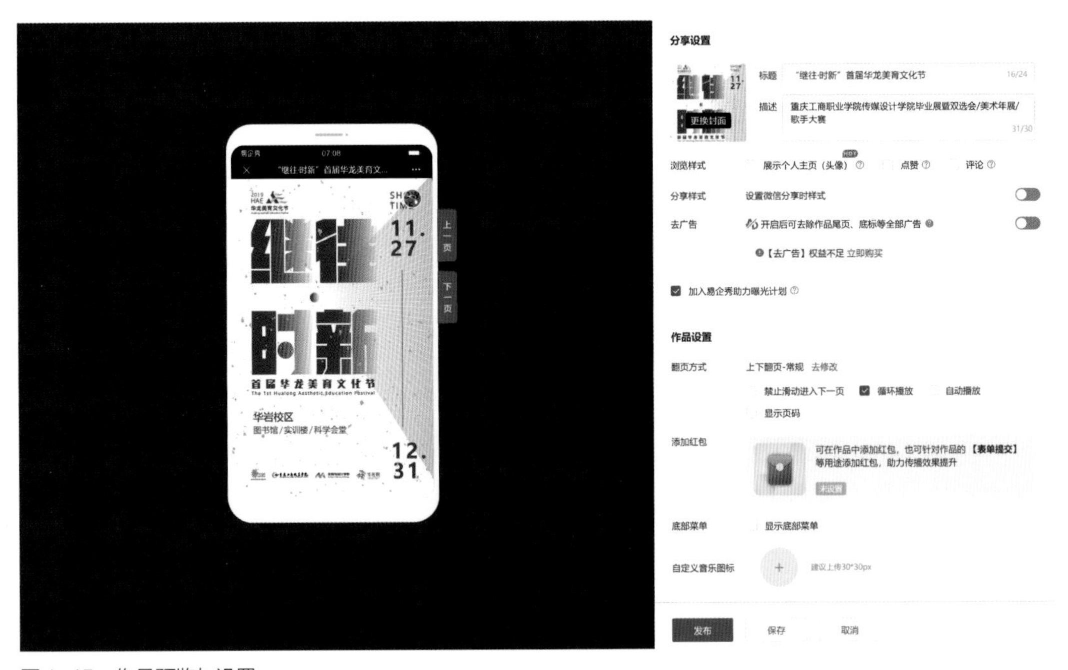

图 1-45　作品预览与设置

选择“允许访问”后，点击“发布”，可再次对作品进行预览（图 1-46），扫码分享处会自动生成该作品的二维码。这时，可以美化或下载二维码（图 1-47），美化效果分为基础、立体和动态，可以根据作品需要进行选择（图 1-48），除了二维码方式分享，还可以复制链接分享到微博、QQ 等社交平台。

图 1-46　作品发布设置

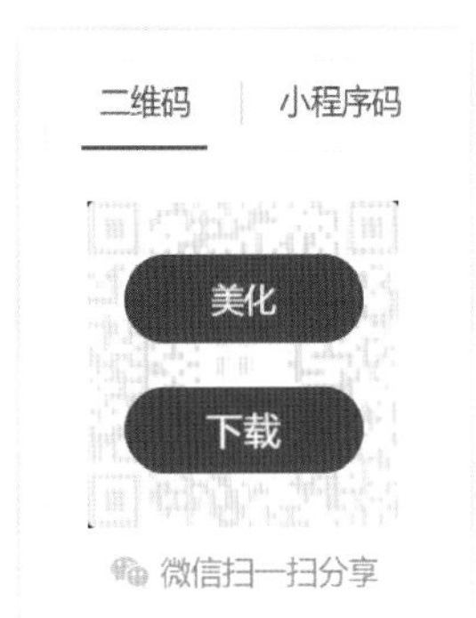

图 1-47　美化或下载二维码

图 1-48　二维码美化效果选择

1.2.3　文字、图片、音频、视频导入与编辑

（1）易企秀图文编辑

进入易企秀的制作页面，点击页面上方的“文本”工具（图 1-49），插入一个文本框，双击编辑文本，修改文字内容（图 1-50），选择页面中的文本，可在右侧的组件设置中对样式进行设置。

H5　会员　权益有效期至 2022-12-15　文本　图片　音乐　视频　组件　智能组件　特效

图 1-49　文本工具选择

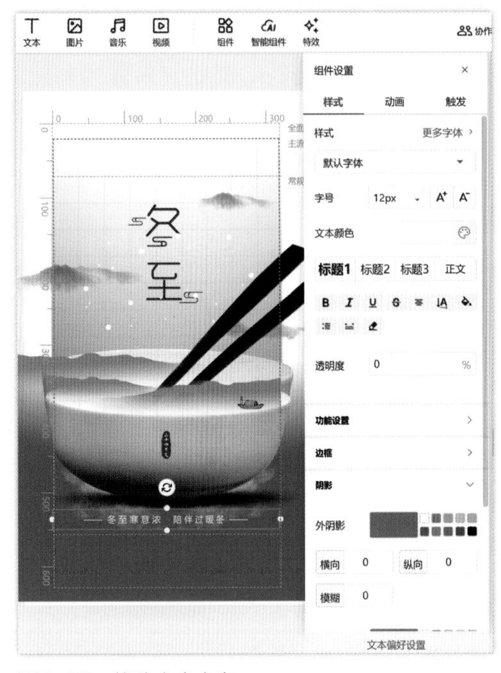

图 1-50　修改文字内容

字体根据设计需求选择免费或付费字体。

字号、文本颜色与 Word 编辑相似。

（2）文字的模板

易企秀 H5 提供了一些图文模板（图 1-51）及艺术字模板（图 1-52），页面左侧可点击进入选择模板、插入模板进行设置。

（3）图片元素插入与编辑

打开易企秀页面上方的图片按钮，会弹出这样一个窗口（图 1-53）。

正版图片：里面有一些易企秀自带的图片资源，可以通过分类查找适用的免费或付费图片素材。点击图片上图标可进行收藏，被收藏的图片在窗口左侧“我的收藏”里查看。点击图标可进行预览。

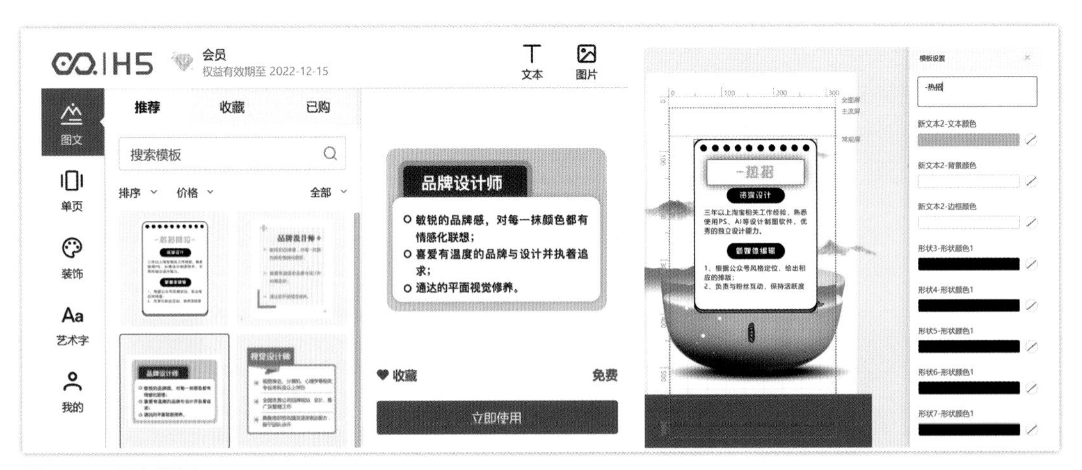

图 1-51　图文模板

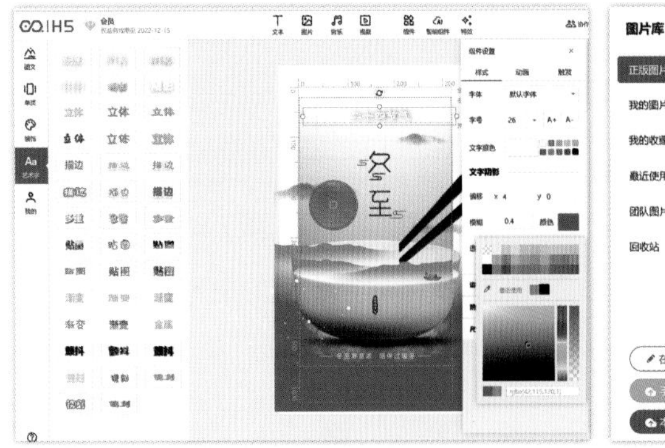

图 1-52　艺术字模板

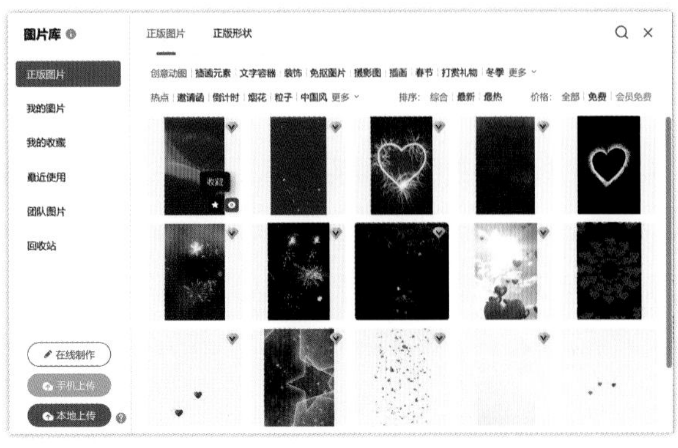

图 1-53　图片库

手机上传：手机微信扫码后可以选择手机相册里的图片，直接上传。

本地上传：这种上传方式更为常用。点击本地上传，选择所需的图片，点击“打开”即上传。

相关图片素材，H5 作品使用的所有图片在“我的图片”中查看，选中图片点击即可插入到页面进行编辑。近期使用过的图片也会出现在“最近使用”里。

设置编辑：选择页面中的图片，可在右侧的组件设置中对样式进行设置（图 1-54）。关于动画和触发在后面单独讲解。

换图：点击它，可替换上传至素材库的其他图片。

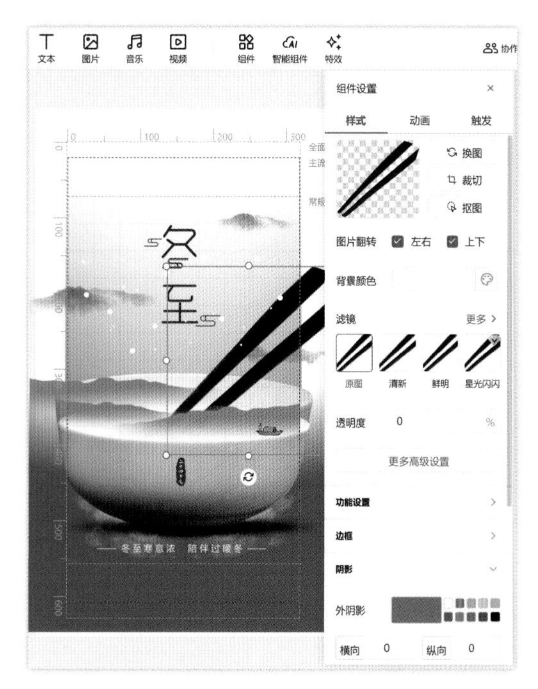

图 1-54　图片样式修改

裁切：对剪切形状和剪切尺寸的设置。

抠图：自动抠图和手动抠图，可处理对比明显、画面清晰的图片，其他抠图建议用 Photoshop 软件处理后上传。

图片翻转：左右或上下。

背景颜色：背景色彩选择及透明度设置。

滤镜：多种自带滤镜样式设置。

图片透明度：按百分比显示。

更多高级设置：滤镜、色彩关系调整。

功能设置：点击跳转（链接、页、电话等）。

重力感应：打开后，左右移动手机，感受重力。

查看原图：打开后，在微信中点击可查看原图。

边框：边框样式、颜色、尺寸、圆角设置。

阴影：外阴影、内阴影的颜色，横纵向、模糊效果设置。

尺寸与位置：单张图片设置的排列分布参考对象为易企秀页面；多张图片设置的排列分布与 Photoshop 软件一致，按 Shift 键加选图片或左键框选后进行排列。旋转角度可输入数值，也可手动点击图片上的旋转按钮调整。

（4）易企秀音乐编辑

音乐插入的方法及设置：进入易企秀的制作页面，找到音乐按钮（图 1-55），进入音乐库窗口（图 1-56）。

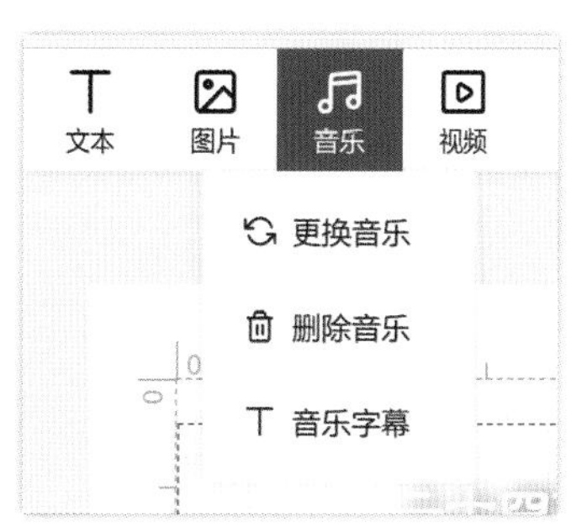

图 1-55　添加音乐

图 1-56　音乐库

正版音乐：这里是易企秀的音乐库，可以通过分类查找适用的免费或付费音乐素材。点击音乐名后面的 ☆ 图标可进行收藏，被收藏的音乐在窗口左侧“我的收藏”里查看。点击 ▷ 图标可进行声音播放。

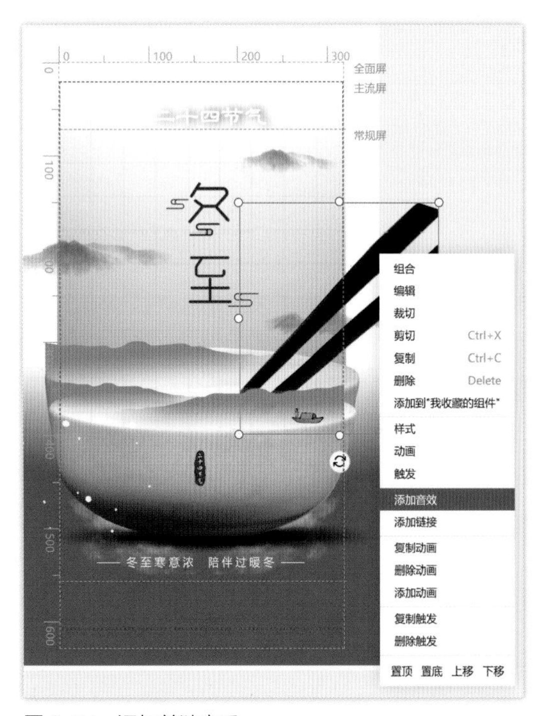

图 1-57　添加单独音乐

手机上传：手机微信扫码后每次可以选择一首 MP3 文件（小于 10 M）直接上传。

上传音乐：这种上传方式更为常用。点击上传音乐，选择所需的 MP3 文件（小于 10 M），点击“打开”即上传。

相关音乐素材，H5 作品使用的所有音乐在“我的音乐”中查看，选中 MP3 文件点击即可插入到页面，近期使用过的音乐也会出现在“最近使用”里。

为元素添加单独音乐（图 1-57），选中元素，点击鼠标右键，找到“添加音效”，点击进去也会出现音乐库窗口，选择合适的音乐使用即可。当这个元素出现，一般默认点击就可优先播放单独添加的元素音效了。这种音效一般情况要配合动画使用才会更有效果。

（5）易企秀视频编辑

视频插入的方法及设置，进入易企秀的制作页面，找到视频按钮（图1–58），进入视频库窗口（图1–59）。

图1-58 添加视频

正版视频：这里是易企秀的视频库，可以通过分类查找适用的视频素材。点击视频上方的 图标可进行收藏，被收藏的视频在窗口左侧“我的收藏”里查看。点击 图标可进行视频全屏预览。

手机上传：手机微信扫码后可以选择一个视频文件（小于200 M）直接上传。

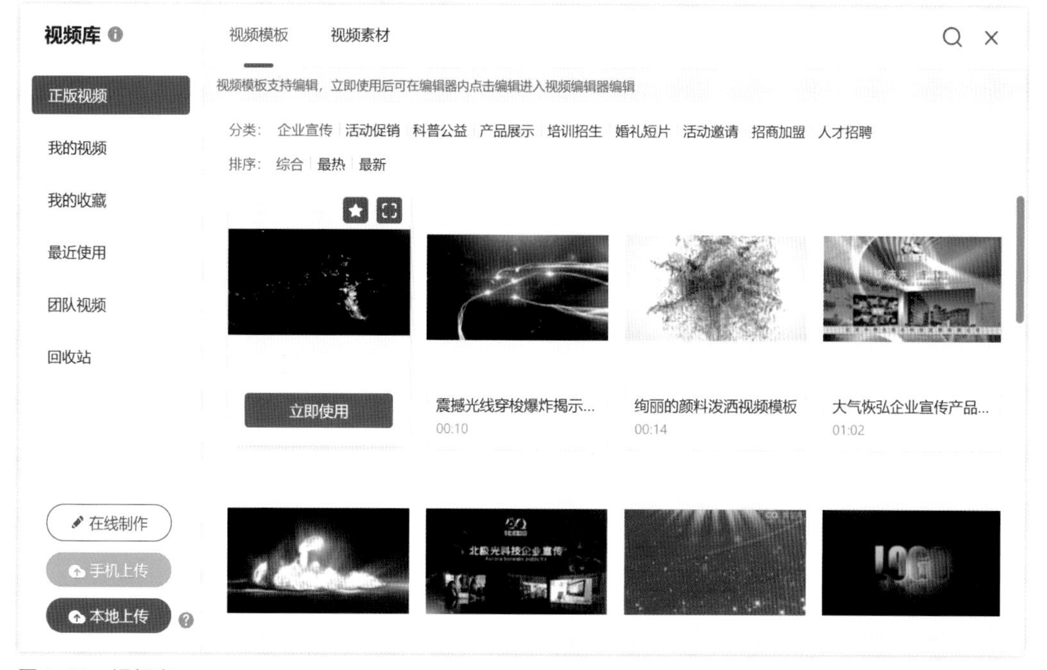

图1-59 视频库

本地上传：这种上传方式更为常用。点击本地上传，选择所需的MP4、MOV文件（小于200 M，大于4秒）。

相关视频素材，H5作品使用的所有视频在“我的视频”中查看，选中视频文件点击即可插入到页面进行编辑，近期使用过的图片也会出现在“最近使用”里。

（6）易企秀页面元素触发联动

进入易企秀的制作页面，点击页面中的元素，弹出“组件设置”（图1–60），选择“触发”，点击“添加触发”，会有“点击”和“摇一摇”两个选项，选择后在手机上查看时可以通过选择的行为触发效果。例如，选择“点击触发”—“跳转页面”，再选定第几页，就设置好了一个通过点击跳转页的交互行为（图1–61）。

如果想做“点击触发”的显示或隐藏效果，可以先选中触发元素，选择点击触发“显示/隐藏”，再添加“选择目标元素”，完成显示/隐藏和时间设置（图1–62）。

图 1-60　触发设置

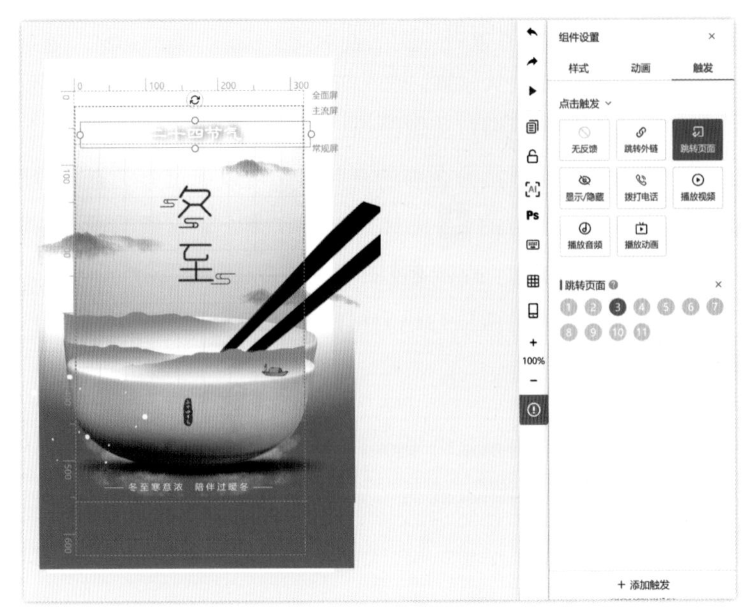

图 1-61　触发跳转页面设置

图 1-62　触发跳转显示 / 隐藏设置

（7）PSD 图片的使用

① Photoshop 页面设定。在 Photoshop 里，新建一个宽度 640 像素 × 高度 1 040 像素，分辨率为 72 像素 / 英寸，RGB/8 色彩模式的画布，完成创建，再添加图层内容，设计好后保存为 PSD 的文件格式。

②易企秀上传原图 PSD 文件分层编辑。打开编辑页面，在右侧点击 PS 图标，弹出 PSD 上传窗口，根据上传须知上传需要的原图 PSD 文件（可以是分层编辑文件），因为易企秀也具备图层概念，能对分图层进行修改。这个环节，大家要注意文本和图片插入的方法、尺寸设定的规范、通道模式、图层数量及文件大小要求。

【任务实训】H5 制作初体验

任务书

《创业达人》作品视频

项目名称	“创业达人”招生宣传 H5 设计
项目背景	开发一个专业招生宣传的 H5 作品，主推优秀毕业生，多页面或长页面，插播专业宣传视频
页面设计要求	素材采集：根据任务要求，采集图片、文本、音乐、视频等相关文件。创意独到，设计新颖，具有一定的时代文化内涵和审美意趣 素材加工：使用 Photoshop 对图片进行修饰调色、裁剪，对首页标题字进行设计，突出宣传目的 版式设计：基于用户习惯，进行版式编排，注意页面的完整度和美观度，对信息内容进行梳理分析，注意作品调性、风格、视觉的统一。选择同一背景或采用成套系的色彩和元素，注意信息层级处理，把握形式节奏变化
动画交互要求	动画效果：根据创意完成单页面或多页面动画效果，把握动画的逻辑性、合理性和流畅性 音乐效果：背景音乐和按钮音效的合理配置 适配效果：应用场景的适配度 交互效果：翻页或滑动页面效果设置，点击等多种交互设置
成果要求	3 天内完成，作品素材包和作品发布二维码、网址链接

注：①仔细阅读任务书，进行分析和讨论，并记录完成进度；②充分了解项目背景，确定 H5 设计制作方向；③结合任务书分析 H5 作品设计难点和常见技术问题。

班级分组表

组别	姓名
1	
2	
3	

注：每组 2 人或 3 人。

工作计划表

序号	姓名	名称	数量	设计时间		备注
				草图	正稿	
1		素材采集				
2		素材加工				
3		版式设计				
4		动效制作				
5		媒体播放				

注：依据任务书的要求，列出工作计划并提出改进意见。

任务 3　木疙瘩平台页面编辑

木疙瘩（Mugeda）是一个专业级 H5 交互动画制作云平台，基于云平台计算框架，Mugeda 无须下载和安装，打开浏览器就可以立即制作专业质量的 HTML5 动画。用其制作的 HTML5 动画，可以在包括台式电脑、智能手机、平板电脑、智能电视等平台播放，并广泛应用于移动富媒体广告、游戏、教育、电子出版物等领域。

1.3.1　木疙瘩平台创建作品

（1）木疙瘩平台账号注册

考虑有些浏览器对 HTML5 的支持不够，建议使用 Google Chrome 浏览器（图 1-63）。

打开 Google Chrome 浏览器，搜索“木疙瘩”或输入网址，登录木疙瘩官网（图 1-64）。

点击木疙瘩官网右上角的“注册领模版”按钮（或者点击左下角的“免费注册”按钮），可通过微信扫码、手机注册、邮箱注册等方式进行账号注册（图 1-65 至图 1-68）。

图 1-63　Google Chrome 浏览器下载页面

图 1-64　木疙瘩官网

图1-65　微信扫描二维码注册页面

图1-66　手机注册页面

图1-67　邮箱注册页面

图1-68　账号登录页面

（2）木疙瘩新建作品

登录成功后进入个人主页面（图1-69），点击“新建作品”按钮（图1-70）可以创建APP图文/微信图文、网页/专题页、H5（专业版编辑器）、H5（简约版编辑器）、H5（模版编辑器），编辑图片、视频、数据图表，这里我们点击H5（专业版编辑器）进入作品编辑页面开始创建作品（图1-71）。

木疙瘩官网为大家提供了很多学习教程。点击“帮助”按钮，可以弹出快捷键、交互教程、视频教程、在线直播、升级服务等（图1-72）。

图1-69　个人主页面

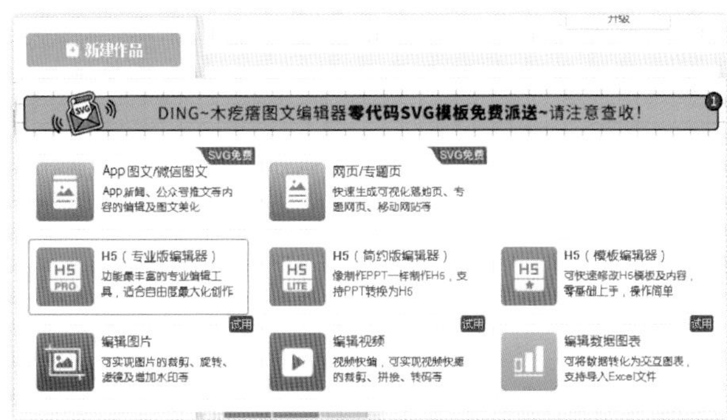

图1-70　新建作品页面

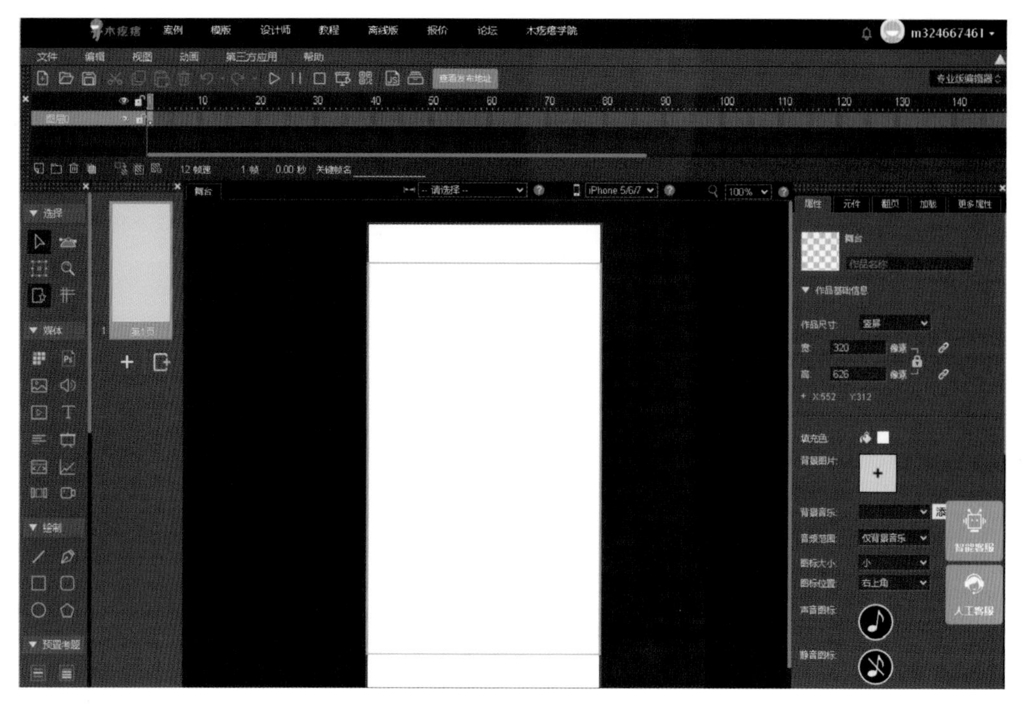

图 1-71　作品编辑页面

图 1-72　帮助菜单

点击“快捷键”按钮，会打开快捷键页面（图 1-73）。

点击“交互教程”按钮，可以选择熟悉界面、第一个 H5 作品、完整动画流程等交互教程，此交互教程可以在页面中根据提示点击相应按钮进行基本操作的引导学习所有交互教程（图 1-74）。

（3）界面与舞台介绍

常用菜单栏（图 1-75）：包含基本操作菜单，如文件、编辑、视图、动画、第三方应用、帮助等。

工具箱（快捷工具栏）（图 1-76）：包含新建、打开、保存、剪切、复制、粘贴、删除、撤销、重做、播放、停止、预览、通过二维码内容共享、脚本、查看发布地址等常用工具的快捷访问。

图1-73　快捷键页面

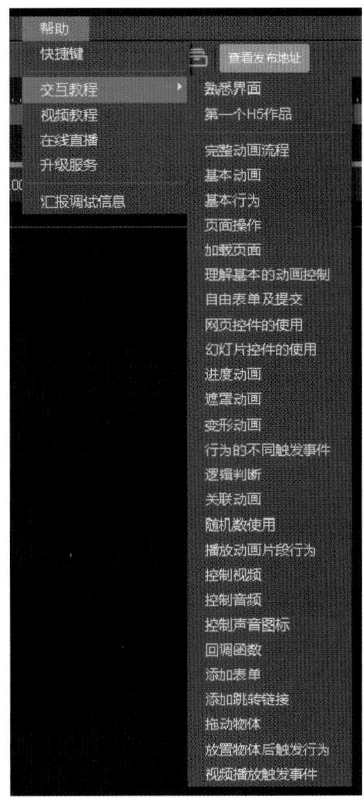

图1-74　交互教程页面

图1-75　常用菜单栏

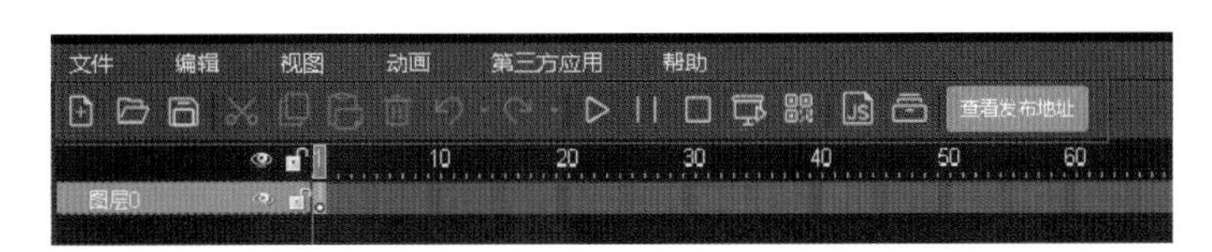

图1-76　工具箱（快捷工具栏）

时间线（时间轴）（图1-77）：制作动画的关键功能。用来方便地对动画进行精确的控制，可以添加关键帧动画、进度动画、变形动画、遮罩动画等形式。

工具条（图1-78）：包含选择、媒体、绘制、预置考题、控件、表单、微信几个板块。

页面栏（图1-79）：用来进行页面的增加、复制、删除、插入等操作。在“页面栏”下可通过点击页面下的 + （添加页面）添加多个新页面。页面栏下的每个页面都是一个单独的动画。点击页面下的 （从模板中添加）可从Mugeda自带模板中选择添加模板页面。

舞台（图1-80）：位于界面的中央，整个界面的核心区域，是编辑、制作、播放动画的区域。在其周围，留有一定的编辑缓冲区域，该区域内的对象不会在最终的内容展示上出现，但是可以用来很方便地组织暂时不在舞台的对象。

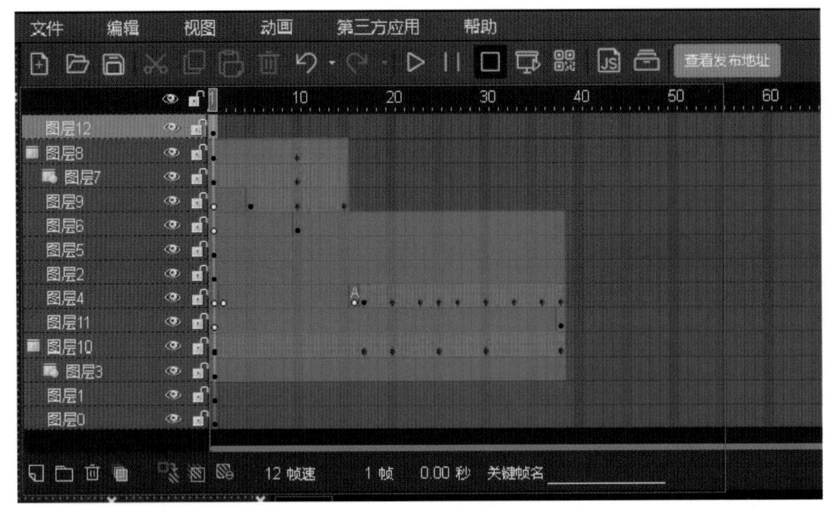

图 1-77　时间线（时间轴）

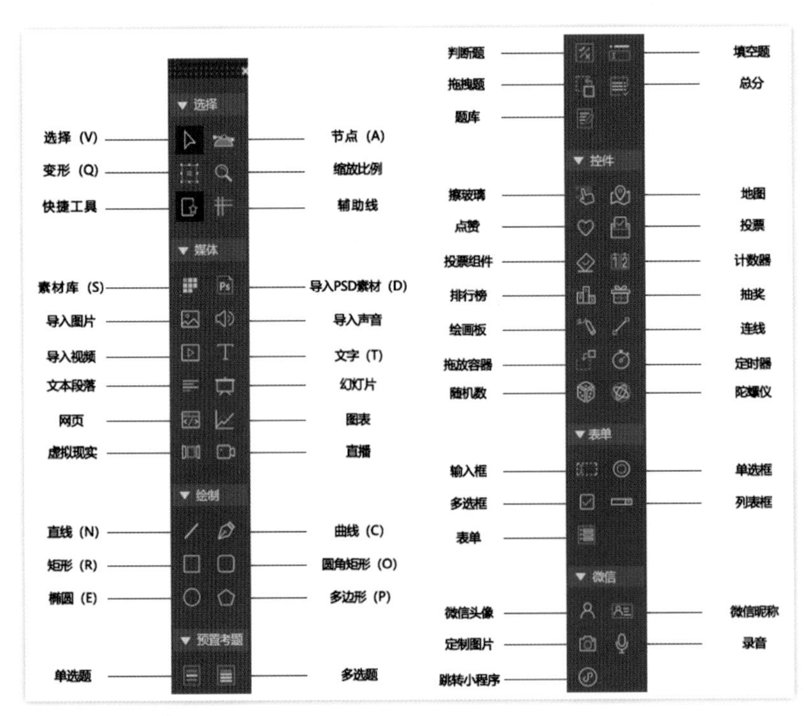

图 1-78　工具条

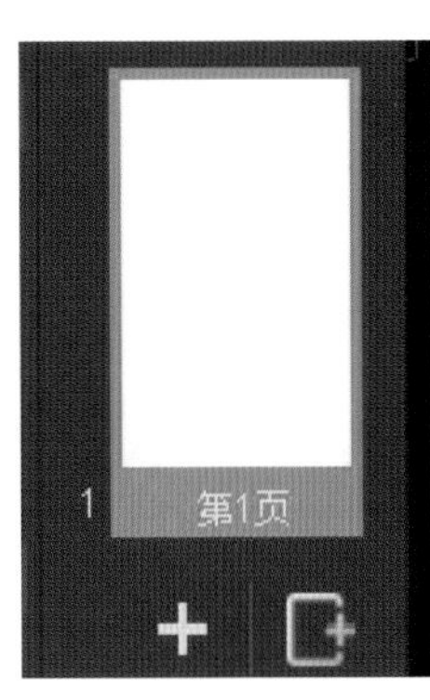

图 1-79　页面栏

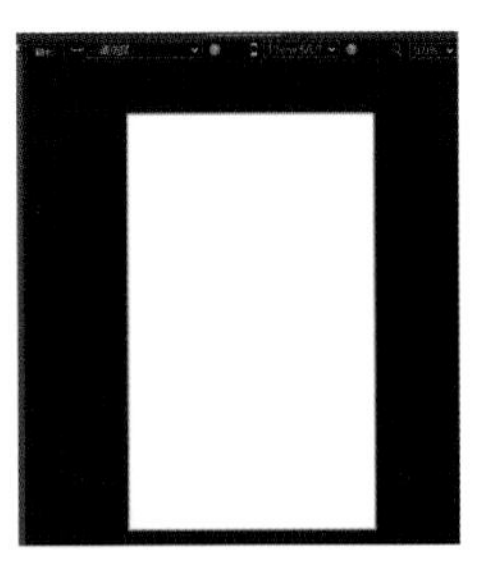

图 1-80　舞台

属性面板（图 1-81）：显示和控制“舞台”及动画元素的各种参数，如舞台的宽高、填充色、背景图片、背景音乐等。当选中元素（文字、图片、视频等）时，属性面板会显示相关元素的属性，如位置、大小、旋转、行为等。

元件（元件库）面板（图 1-82）：包含声音元件和动画元件。一个元件是包含有自身独立时间线的动画片段，可以反复在舞台上使用，创建比较复杂的组合动画。

翻页面板（图 1–83）：包含翻页效果、翻页方向、循环、翻页时间、隐藏翻页图标等。

加载面板（图 1–84）：需要制作个性化加载界面或者定制加载界面时使用。

更多属性面板（图 1–85）：暂时作为媒体用户专属功能，可以完善作品的更多属性信息，以便被搜索引擎搜索到。

图 1–81　舞台、文字属性　　　　图 1–82　元件面板

图 1–83　翻页面板

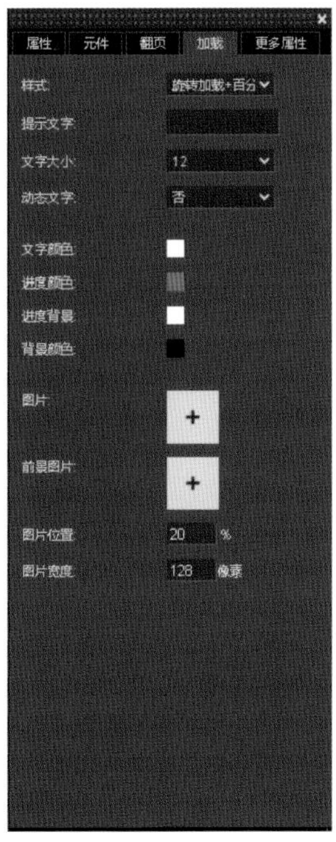

图 1–84　加载面板

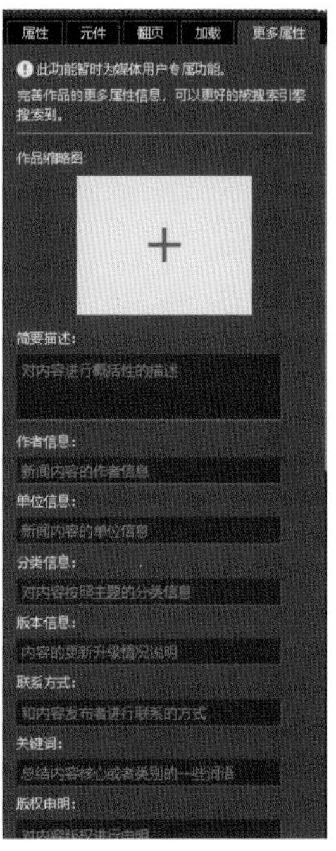

图 1–85　更多属性面板

1.3.2　木疙瘩基本操作流程

（1）设置舞台尺寸

在木疙瘩里，通过舞台尺寸来对 H5 的画面大小进行设置，根据常见手机的逻辑像素分辨率，将舞台尺寸设置为 375 像素 ×667 像素，注意设置舞台宽和高时需要点击右边的 使之变成 状态，以解除作品尺寸的宽高锁定（图 1-86）。

（2）加载页设置

在操作页面右侧的“加载”面板里设置加载页面属性，样式可以选择。

默认：使用平台默认的木疙瘩卡通形象荡秋千的加载动画，底部含有黄色进度条和“作品由木疙瘩创建”文字。点击“页面栏”，点击第 1 页左下角的“预览页面”按钮（图 1-87），可以看到预览效果（图 1-88）。

百分比：黑屏显示“加载中…0%”其中数字由 0 增加到 100，预览效果（图 1-89）。

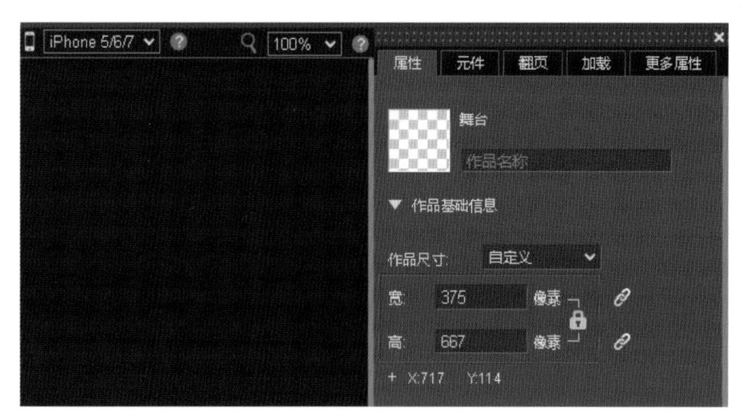

图 1-86　设置舞台尺寸

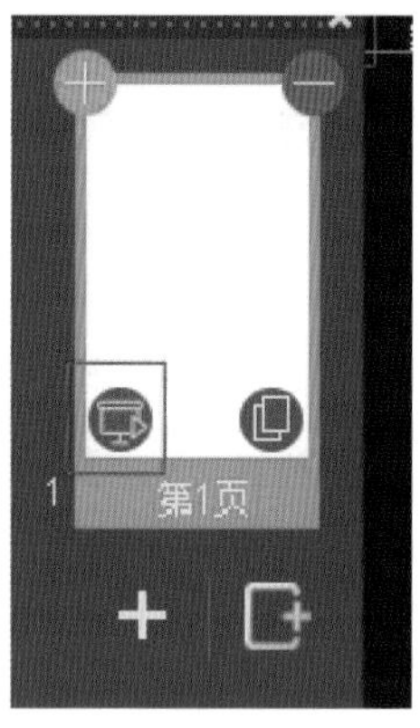

图 1-87　预览页面

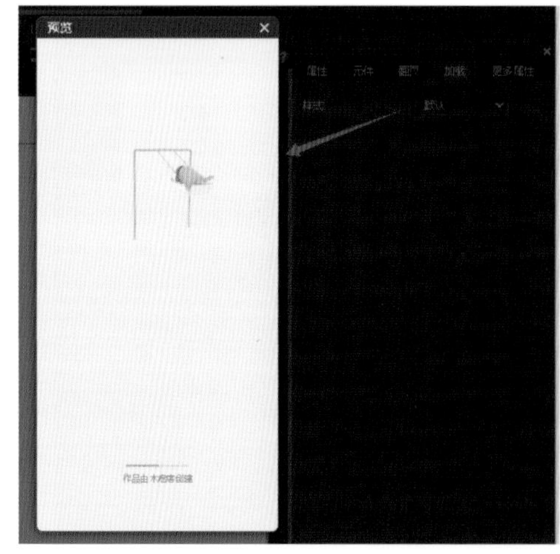

图 1-88　默认加载样式

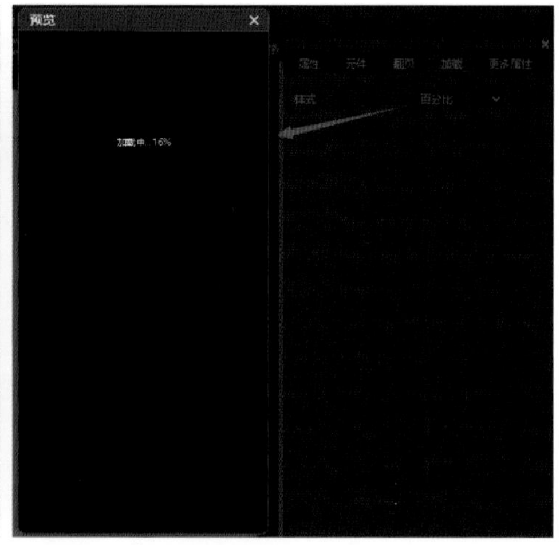

图 1-89　百分比加载样式

进度条：可以自定义设置提示文字（自定义设置加载文字的提示内容）、文字大小、动态文字（如果选是，在自定义的提示文字后面增加三个点，三个点以打字机动画效果依次循环出现）、文字颜色、进度颜色、进度背景、图片（点击“+”选择背景图片）、前景图片（点击“+”上传前景图片）、图片位置（前景图垂直方向所在的位置）、图片宽度（设置前景图的宽度，高度自动等比例缩放），按下图设置后，预览效果（图 1-90）。这里背景图两边呈现黑色边框，是因为我们选择的背景图长宽比例与舞台的长宽比例不一致，导致背景图满足了舞台的高度后，宽度不够，露出了舞台的背景颜色（默认黑色）。

进度环：设置内容与进度条一致，这里按照进度条内容进行设置后，与进度条的区别是不再有进度条，而是在前景图片上呈现一个扇形加载动画，预览效果（图 1-91）。

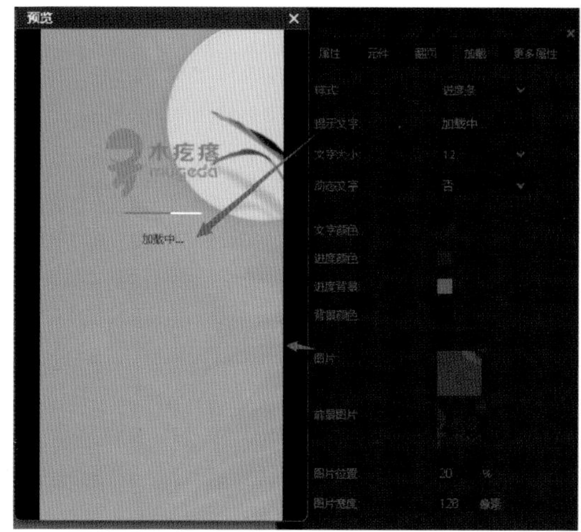

图 1-90　进度条加载样式

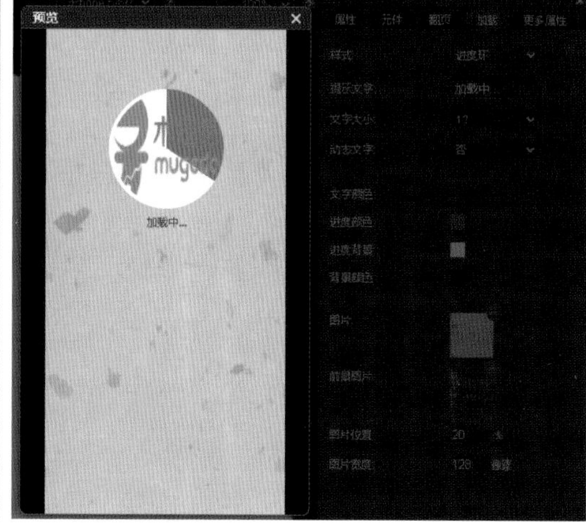

图 1-91　进度环加载样式

旋转加载：设置内容与进度条一致，这里按照进度条内容进行设置后，与进度条的区别是，没有进度条，前景图片会呈现顺时针旋转动画，预览效果（图 1-92）。

旋转加载 + 百分比：设置内容与进度条一致，这里按照进度条内容进行设置后，与旋转加载的区别是多了一个百分比的加载进度动画，预览效果（图 1-93）。

首页作为加载界面：这个是一个高度自由的自定义加载页面，将在后面模块任务中详细讲述。

图 1-92　旋转加载样式

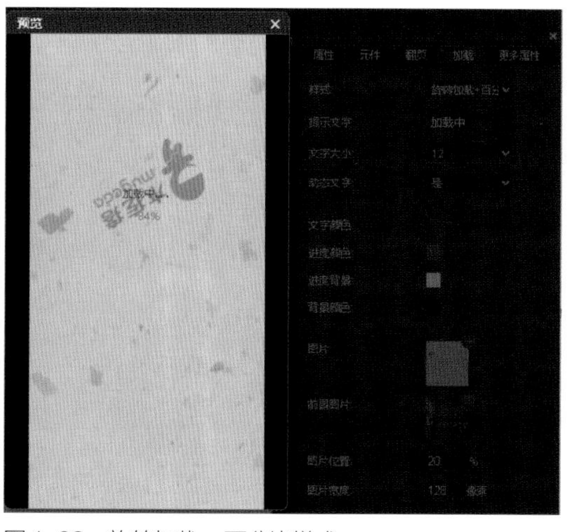

图 1-93　旋转加载 + 百分比样式

（3）上传素材

在作品编辑页面工具栏中，点击“媒体”—“素材库”按钮，弹出素材库上传面板（图 1–94）。在图片标签下面点击“新建文件夹”按钮添加文件夹，弹出添加“添加文件夹”面板（图 1–95），这里文件夹名称取名为“上传素材”，点击确定可以看到在私有标签下多了一个“上传素材”的文件夹（图 1–96）。

点击面板上黄色“+”号，弹出上传文件面板（图 1–97），支持从电脑里面拖动素材文件到上传文件面板中（支持按住 Ctrl 键多选素材）（图 1–98），或者点击中间区域打开素材文件，支持的格式有 PNG、JPG、GIF、SVG 等，注意最大支持 10 M 以内的文件。

拖动进入面板后松开鼠标，开始上传，当所有文件都提示上传成功后（图 1–99），点击确定，可以看到素材库中已有相关素材（图 1–100）。

音频和视频上传方式与图片类似。注意：音频只支持 MP3 格式，免费试用会员单个文件最大支持 20 MB；视频只支持音频编码为 AAC，视频编码为 H.264 的 MP4 格式，免费用户最大支持 20 MB。如果音频和视频格式不符合，请先使用格式工厂或者狸窝等软件进行转换后再使用。

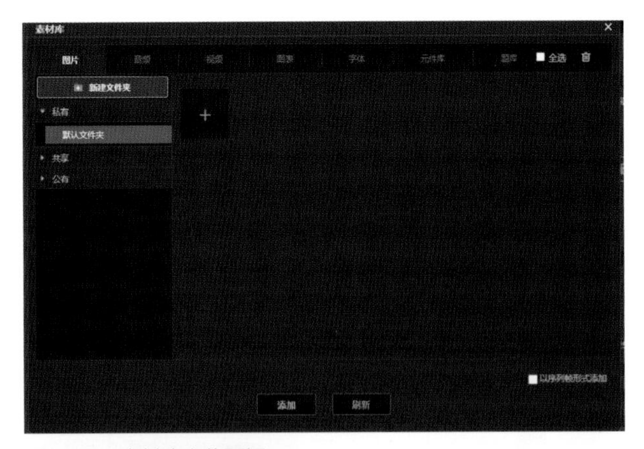

图 1–94　素材库上传面板

图 1–95　添加文件夹

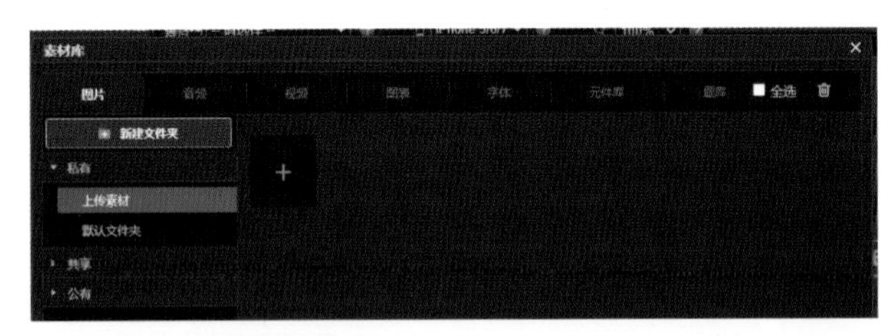

图 1–96　上传素材文件夹

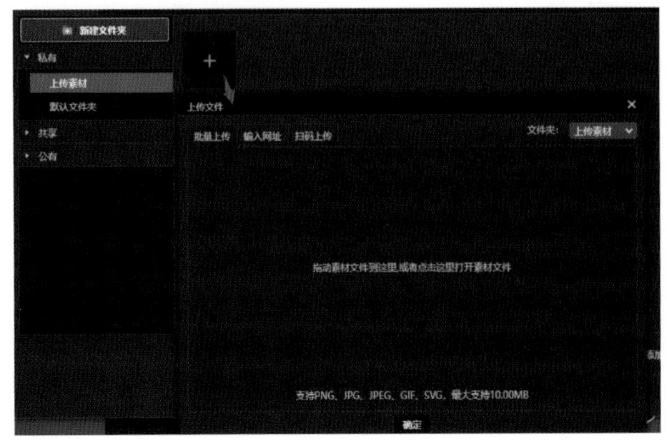

图 1–97　上传文件面板

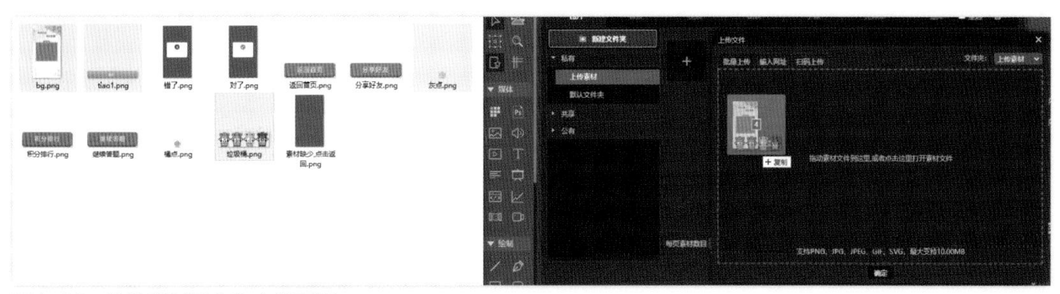

图 1-98　拖动素材到上传文件面板

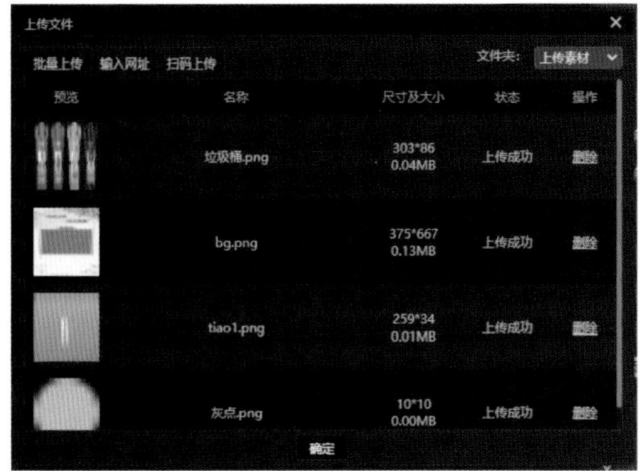

图 1-99　上传素材

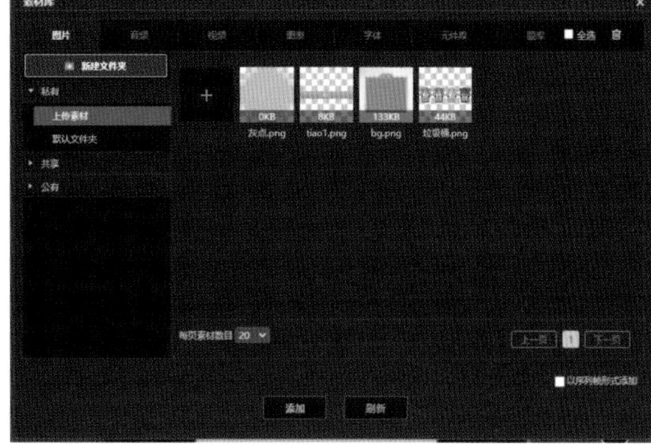

图 1-100　素材上传进素材库

（4）添加素材

在素材库中，可以从“共享”文件夹或者“公有”文件夹中去选择平台提供的一些素材，单击素材，素材右上角显示一个“√”，表示该素材被选中（图 1-101），右上角全选按钮可以选择该文件夹里所有素材，点击 🗑 按钮可以删除选中的素材。

图 1-101　从公有—图标—拟物文件夹中选择素材

也可以在“私有”—“上传素材”文件夹中选择已经上传好的素材，这里先选择“bg.png”（图 1-102），然后点击“添加”按钮添加到舞台，然后再选择“垃圾桶.png”，添加到舞台中（图 1-103）。

图 1-102　选择素材

图 1-103　添加素材到舞台

（5）调整素材

选中某个素材，在工具栏中，点击 “变形”工具或者按快捷键 Q，可以对素材进行缩放和旋转等操作。当鼠标放到素材的四角上呈现双向箭头时，可以拖动素材进行放大缩小，按住 Shift 键时等比例放大，按住 Ctrl 键时等比例缩放。鼠标放在素材四角外面呈现双向旋转箭头时，可以对素材进行旋转。对素材的调整经常会用到属性面板（图 1-104）。

图 1-104　调整素材属性

宽和高：设置图片的宽度和高度。当后面小锁处于锁定状态时候，宽和高修改一个，另外一个自动等比例缩放。当后面小锁处于解锁状态时，宽和高可以单独设置。

左：素材的左边缘距离画布最左边的距离。

上：素材的上边缘距离画布的最上边的距离。

透明度：设置素材的透明度值，默认 100 表示不透明，数值为 0 时，表示完全透明。

旋转：以数值显示等同于通过旋转按钮进行旋转效果。

（6）添加预置动画

鼠标左键选中“选择”工具，点击舞台上垃圾桶素材右边 “添加预置动画”按钮，弹出“添加预置动画”对话框，选择“缓入”动画效果（图 1-105）。

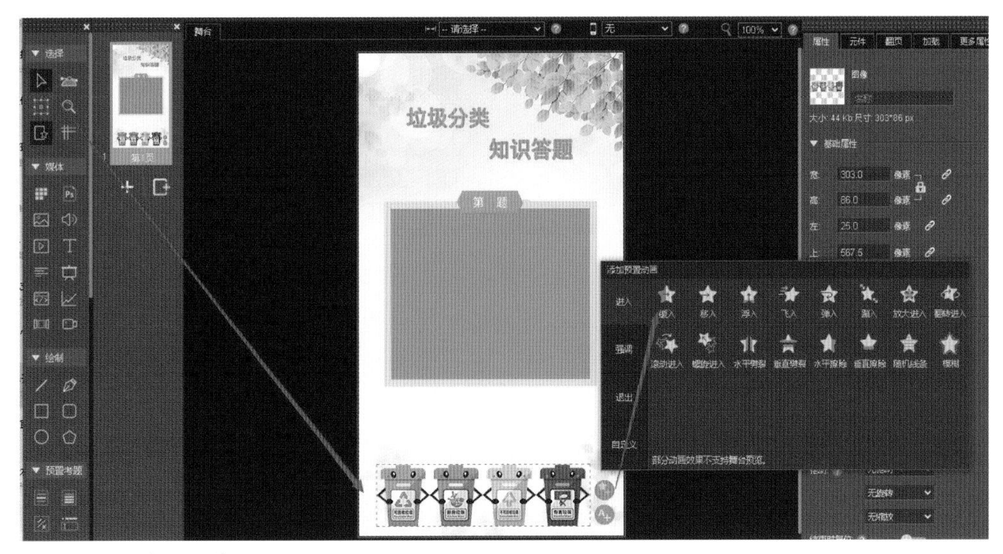

图 1-105　添加预置动画

此时垃圾桶右边会多出来一个蓝色按钮，同时右边属性面板高级属性栏下面预置动画下面多了一个“1 缓入”的参数，点击该参数或者点击垃圾桶素材右边的蓝色按钮 编辑预置动画，可以修改缓入动画的详细参数（图 1-106）。

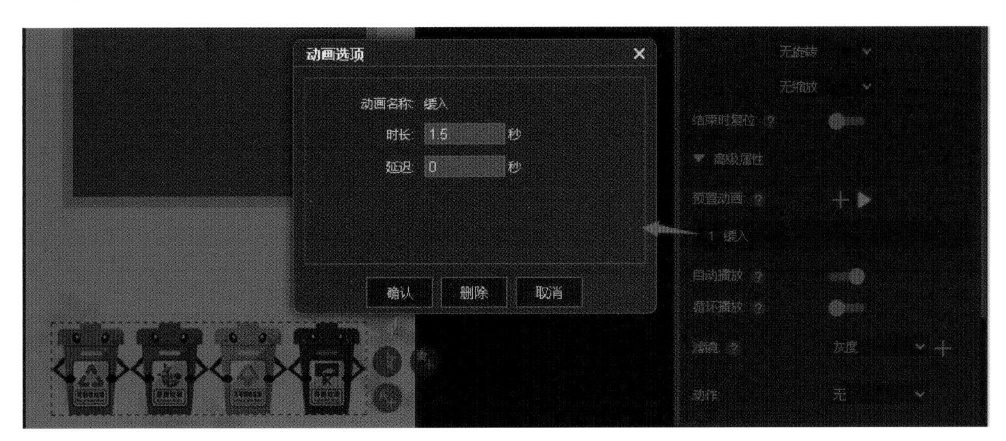

图 1-106　预置动画设置

时长：表示素材在当前动画效果的动画时间长度，如缓入动画表示素材从透明度为 0 到透明度为 100 的过渡时间长度为 1.5 秒。

延迟：表示当前动画延迟多少秒后播放。

确定：动画参数设置生效。

删除：删除当前预置动画。

取消：不修改当前参数，关闭动画选项设置面板。

点击“预览”按钮或者“页面预览”按钮（图 1–107），观察动画效果。

图 1–107　预览按钮位置

预置动画是 Mugeda 根据大众需求在自己的框架里设置好的动画效果，这些动画效果同样也可使用关键帧来实现。关键帧动画将在下一模块进行讲解。

（7）添加翻页动画

添加新页面：在页面栏，点击“添加新页面”➕按钮（图 1–108），可添加一个新空白页面。

图 1–108　添加新页面

复制页面：点击“复制页面”按钮（图 1–109），可复制一个与上页面完全相同的页面，包括素材及动画效果。

图 1–109　复制页面

替换背景图片：选中复制的第 2 页，选中舞台上的背景图片素材，点击属性栏内的“编辑”按钮，在弹出的“媒体库”对话框中选择要更替的图片素材，点击“添加”按钮，替换原有图片（图 1–110）。

制作翻页效果：在“翻页”菜单栏内设置翻页属性。

翻页效果：有平移、覆盖、出现、缓入、缩放、中心旋转、三维翻转、门轴翻转、向后跌落、向前跌落、前后切换、展栏走廊、放大、旋转方框、百叶窗、开门等效果。

翻页方向：可以选择上下翻页或者左右翻页。

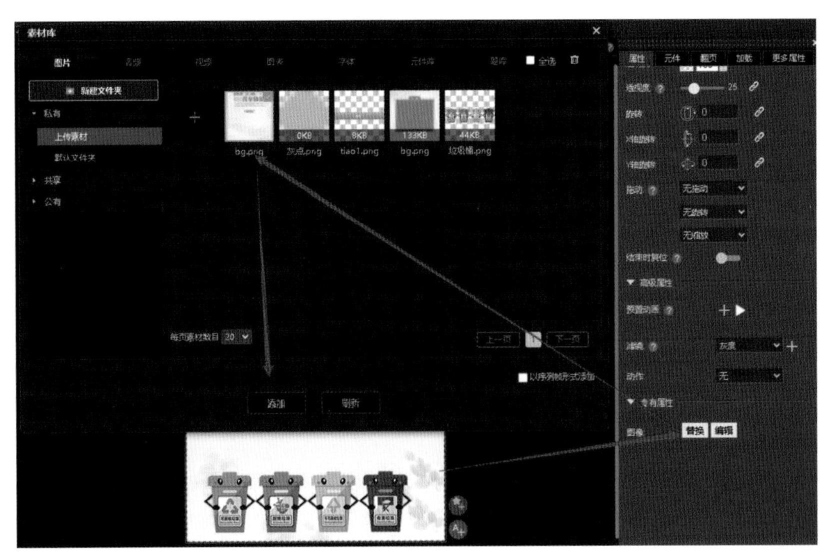

图 1-110　替换背景图片

循环：如果选择是，画面翻转到最后一页，再次往后翻页时会翻页到第 1 页；如果选择否，则翻页到最后一页后不可再往后翻页。

翻页时间：设置翻页动画的时间，默认 600 毫秒。

支持点击翻页：选中时可以通过在页面中单击鼠标翻页，后期作品我们会增加很多点击交互事件，为防止误操作，所以一般不选。

支持键盘翻页：选中后可以用键盘上下方向键或者 Page Up 和 Page Down 键进行翻页操作。H5 作品一般都是在手机上观看，所以一般不选。

隐藏翻页图标：可以选择隐藏页面底部的翻页图标，默认翻页图标在预览页面的效果（图 1-111），隐藏翻页图标后的预览效果（图 1-112）。

图 1-111　翻页图标预览效果

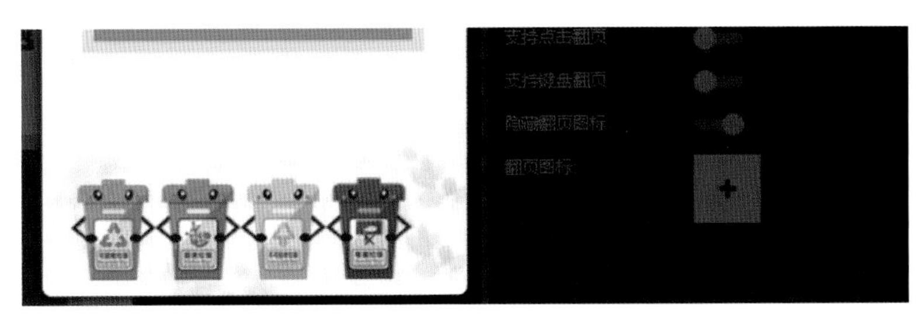

图 1-112　隐藏翻页图标后的预览效果

（8）添加背景音乐

在任意页面，点击舞台外面黑色空白区域在“属性面板”内的背景音乐参数右边点击“添加”按钮（图 1-113），再在弹出的素材库“音频”面板对话框中，点击右边＋按钮，将电脑中的 MP3 格式音乐拖动到上传文件面板，等待上传成功后，点击确定（图 1-114）。

图 1-113　属性面板添加背景音乐

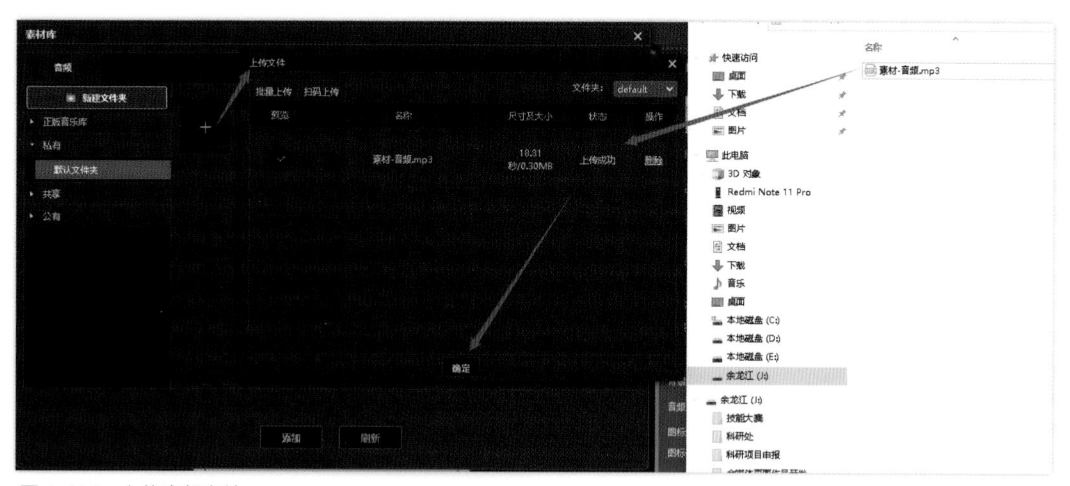

图 1-114　上传音频文件

然后在素材库面板点击刚刚上传是声音文件，在右上角显示黄色勾选，表示选中，然后点击“添加”（图 1-115），即可将所选素材添加到背景音乐中，添加后的在属性面板的背景音乐参数处会自动选中（图 1-116）。

图标大小：可以设置背景音乐图标的大小样式。

图标位置：默认在右上角，还可以设置左上角、右下角、左下角。

声音图标和静音图标：用于显示背景音乐播放时和暂停时的图标样式，可以定制个性化的图标。

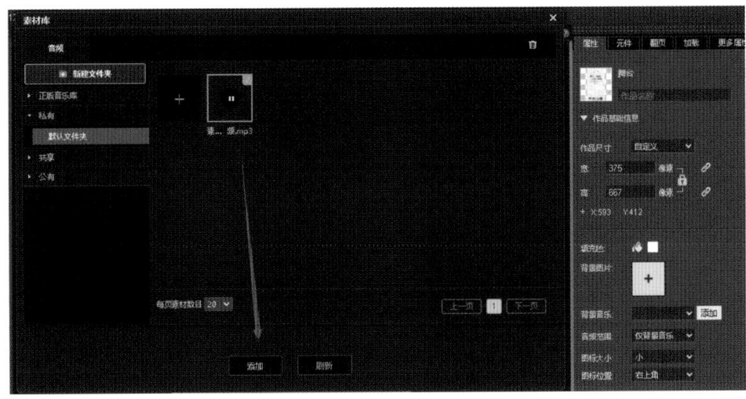
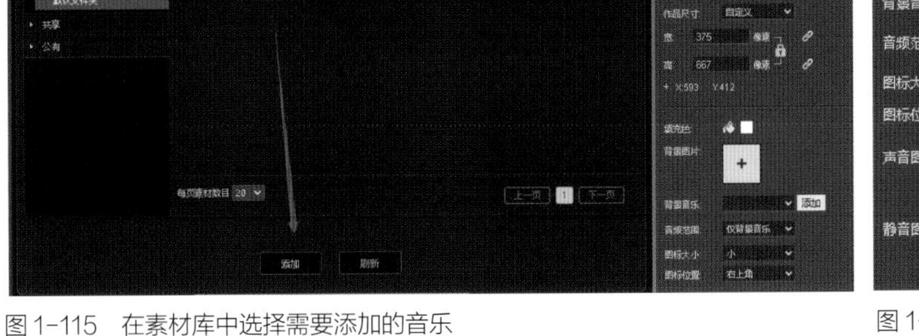

图 1-115　在素材库中选择需要添加的音乐

图 1-116　属性面板中背景音乐已添加上

（9）文档信息设置

点击“文件”—“文档信息”（图 1-117），在弹出的“文档信息选项”对话框填写相关信息，部分内容与更多属性面板的对应信息是关联在一起的，填写转发标题：垃圾分类；转发描述：垃圾分类答题；内容标题：保护生态人人有责，点击预览图片后面的“+”选择预览图片，在 “自适应” 中选择不同适应方式，点击 “确认” 保存文件（图 1-118）。

图 1-117　文档信息

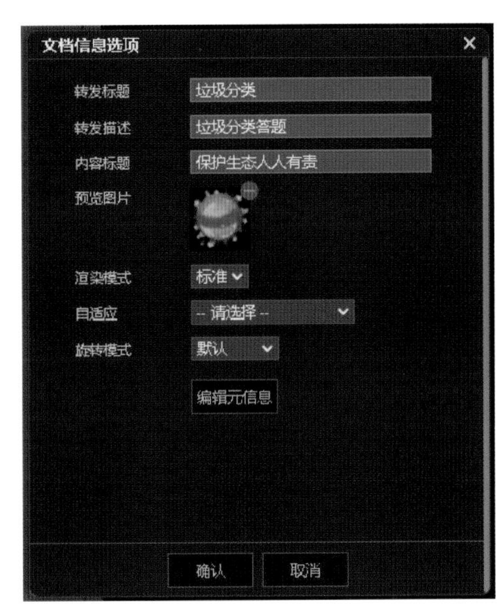

图 1-118　文档信息设置

注：由于设备尺寸千差万别，因此 Mugeda 设置了不同的适配方式，默认以及目前最流行的适配方式是“宽度适配，垂直居中”，出于某种考虑也可选择“包含”“覆盖”等其他适配方式。选择“宽度适配，垂直居中”适配方式，观看时不管手机屏幕大小如何，此 H5 作品在手机上都是全屏，上下左右不存在留白或留黑的情况。如果将“自适应”适配方式改为“高度适配，水平居中”，若手机屏幕高度较低，观看时在手机左右两边就会出现黑色的条，这是适配不当的原因。

（10）保存与查看发布地址

保存文件：点击“文件”—“保存”（图 1-119），在弹出的保存面板，可以设置项目名称（图 1-120）。

图 1-119　文件保存　　图 1-120　保存面板

查看发布地址：点击查看发布地址按钮（图 1-121），可以进入“垃圾分类”发布页面（图 1-122），可以在右侧复制发布地址分享给其他人。如果案例内容有所更新，建议点击重新发布，生成新的发布内容，为完善作品发布流程和保障发布安全，点击发布后的作品状态为“待确认”并且有角标，若确认无误并决定正式发布，可点击“确认发布”按钮去掉角标并将状态改为“已发布”。作品发布成功后点击“取消发布”，作品将回到“待确认”状态并带有角标。

图 1-121　查看发布地址

图 1-122　发布页面

目前 Mugeda 免费试用用户，只能发布 5 个作品，所以不建议点击确认发布按钮。

内容共享：点击工具箱的二维码图标可以打开内容共享面板（图 1-123），可以复制预览地址分享给他人观看，如果是付费用户还可以选择共享源文件。

图 1-123　内容共享

1.3.3　作品管理

（1）编辑作品

方法一：点击“我的作品”，将鼠标放置在作品缩略图上可以看到编辑按钮（图 1-124），点击“编辑”即可进入作品编辑页面。

图 1-124　缩略图界面编辑作品

方法二：点击“我的作品”，点击右方详细列表，然后在下面可以看到“编辑”按钮，点击即可进入作品编辑页面（图 1-125）。

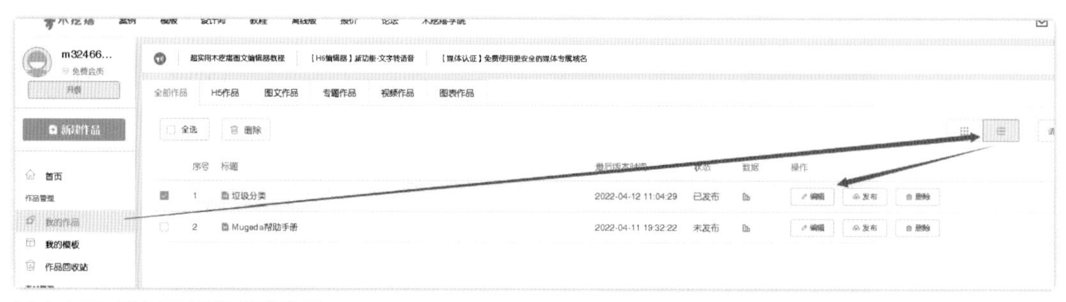

图 1-125　详细列表界面编辑作品

（2）删除作品

方法一：点击“我的作品”，将鼠标放置在作品缩略图上可以看到“删除” 按钮（图 1-126），点击即可删除该作品。

图 1-126　缩略图界面删除作品

方法二：点击“我的作品”，点击右方详细列表，然后在下面可以看到“删除”按钮（图 1-127），点击即可删除该作品。

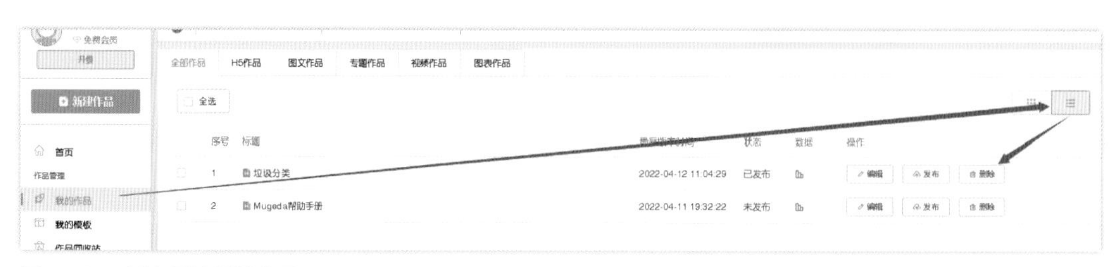

图 1-127　详细列表删除作品

（3）查看作品数据

点击“我的作品”，将鼠标放置在作品缩略图上可以看到“数据” 按钮（图 1-128），点击即可进入统计数据页面，查看该作品的总浏览量、浏览人数、用户数据、内容分析等信息（图1-129）。

图1-128　查看数据

图1-129　作品统计数据页面

（4）文件夹管理

新建文件夹：点击“我的作品”—“H5作品”—“新建文件夹”弹出新建文件夹面板，设置文件夹名称后点击确定，可以创建文件夹（图1-130）。

删除文件夹：创建完文件夹后，鼠标移动到文件夹上，右上角会出现“删除” 按钮，点击会弹出提示“确定要删除该文件夹吗”（图1-131）的提示，点击“删除”即可删除该文件夹。

（5）移动作品

点击作品缩略图左上角的勾选框，上方会弹出来“删除”“标记发布”“移动到”三个按钮，点击“移动到”，会弹出来移动H5面板，选择一个文件夹（图1-132）。点击确定后弹出提示框“确定要将H5移动到此文件夹吗”，点击“确定”，将当前作品移动到选中的文件夹中（图1-133）。之后进入移入的文件夹查看作品（图1-134）。

图 1-130 新建文件夹

图 1-131 删除文件夹

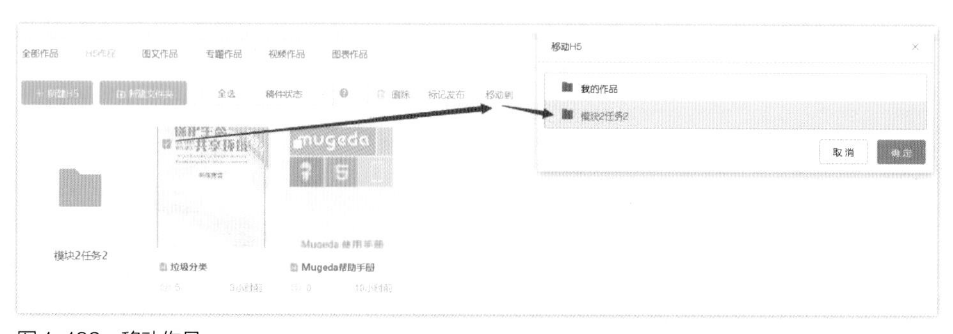

图 1-132 移动作品

图 1-133 确定移动作品提示

图 1-134　文件夹内查看作品

【任务实训】专业版 H5 编辑器基本操作

任务书

项目名称	垃圾分类 H5 设计
项目背景	开发一个“爱护环境　绿色环保”主题 H5 作品，以测试题为主，强化互动属性，易于二次传播
页面设计要求	素材采集：根据任务要求，采集图片、文本、音乐、视频等相关文件。创意独到，设计新颖，具有一定的时代文化内涵和审美意趣 素材加工：使用 Photoshop 对图片进行修饰、调色、裁剪，对首页标题字进行设计，突出宣传目的 版式设计：基于用户习惯，进行版式编排，注意页面的完整度和美观度，对信息内容进行梳理分析，注意作品调性、风格、视觉的统一。选择同一背景或采用成套系的色彩和元素，注意信息层级处理，把握形式节奏变化
动画交互要求	动画效果：根据创意完成单页面或多页面动画效果，把握动画的逻辑性、合理性和流畅性 音乐效果：背景音乐和按钮音效的合理配置 适配效果：应用场景的适配度 交互效果：翻页或滑动页面效果设置，点击等多种交互设置
成果要求	3 天内完成，作品素材包和作品发布二维码、网址链接

垃圾分类
教学视频

拓展学习

H5的基本概念
教学视频

H5的诞生之路
教学视频

H5的设计流程
教学视频

H5常用的设计工具
教学视频

H5页面尺寸设计规范
教学视频

H5的原型图
教学视频

H5的设计表现
教学视频

H5的版式设计
教学视频

认识易企秀
教学视频

易企秀制作工具
基本操作方法
教学视频

易企秀作品案例
教学视频

思考

（1）免费版的 H5 场景点击立即使用后，模板会保存到哪里？

（2）木疙瘩是否可以自定义个性化的加载页面？

（3）中国传统节日或环保主题 H5，如何利用易企秀模板或木疙瘩专业编辑器进行作品创编与制作，并提交发布二维码和作品网址。

模块 2 H5 交互动画制作

素材2

知识导读

通过本模块的学习，能够认识 H5 交互动画制作方法。介绍 1+X《融媒体内容制作》职业技能等级证书交互动画制作相关案例，让读者了解并掌握木疙瘩平台预置动画、关键帧动画、加载页制作、进度变形动画、遮罩动画、元件动画、关联动画等多种交互动画制作方法，提升学习者可视化 H5 页面交互动画制作技术。

学习目标

（1）了解中国传统文化。

（2）正确理解项目任务要求。

（3）掌握木疙瘩平台多种交互动画制作方法。

能力目标

（1）掌握木疙瘩基础动画和特型动画的设计与制作。

（2）完成 H5 作品动画素材采集、页面编辑、保存发布等工作任务。

任务 1　H5 基础动画设计制作

2.1.1　动画设置

（1）预置动画进入方式设置

在元素右边点击按钮添加预置动画。在弹出的窗口中选择“进入”，“进入”动画效果是指元素以怎样的方式出现在舞台中，有“缓入”“移入”“浮入”等。在进入方式中选择需要的动画效果，鼠标移动到动画效果上，舞台中元素可以预览效果（图 2-1）。例如选择“浮入”，在元素右方出现蓝色按钮，点击按钮编辑预置动画，在弹出窗口中设置“浮入”的“时长”“延迟”和“方向”（图 2-2）。注意：不同的预置动画方式编辑页面不同，设置内容也不同。

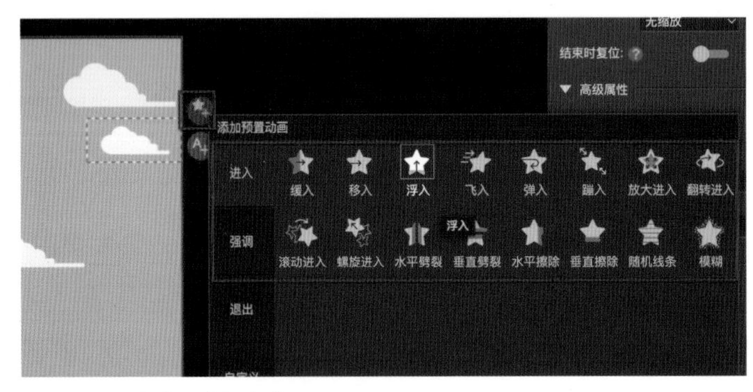

图 2-1　预置动画进入方式

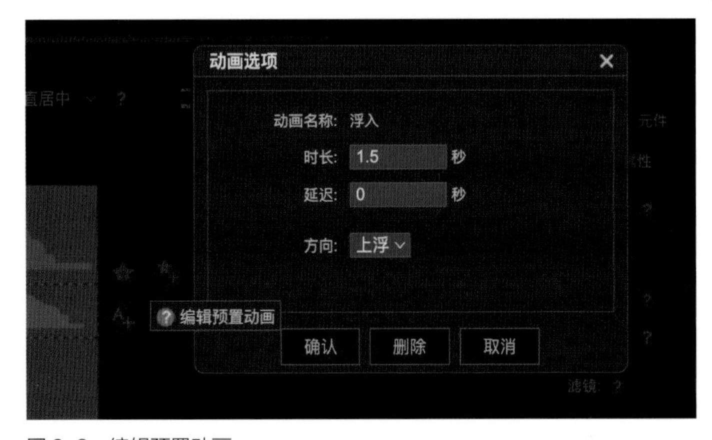

图 2-2　编辑预置动画

（2）强调设置

在元素右边点击按钮添加预置动画。“强调”预置动画效果是指元素在舞台中的运动状态，有“旋转”“移动”“晃动”“挤压”等。选择“强调”，右方出现强调的各种动画方式，鼠标移动到效果上舞台会出现对应的动画效果（图 2-3）。和“进入”动画相同，添加后点击蓝色按钮编辑预置动画，设置动画时长和延迟等。

图 2-3　预置动画强调方式

（3）退出方式设置

同样的方式可以添加“退出”预置动画。“退出”预置动画效果与“进入”预置动画相反，是指元素以怎样的动画形式退出舞台。“退出”的形式有“缓出”“移出”“浮出”“飞出”等（图 2-4）。

图 2-4　预置动画退出方式

（4）播放时间设置

对动画效果进行预设，提前做好规划，设定每一个元素出场的先后顺序、动画类型和时长，根据规划使用制表工具或者绘图工具制作时间计划表（图 2-5）。

任务	人物	前景				主题文字							背景					
素材	母亲与小孩	植物01	植物02	植物前文字	旗帜	感	恩	母	亲	心型图案		节	云01		云02		云03	
预置动画类型	进入	进入	进入	进入	进入	进入	进入	进入	进入	进入	强调	进入	进入	退出	进入	退出	进入	退出
预置动画	缓入	缓入	缓入	浮入	缓入	缓入	缓入	缓入	缓入	蹦入	晃动	缓入	移入	移出	移入	移出	移入	移出
动画时长	4秒	2秒	1秒	1.5秒	1.5秒	2秒	2秒	2秒	2秒	1秒	1.5秒	2秒	10秒	8秒	8秒	8秒	9秒	9秒
动画延迟（动画开始时间点）	0秒	0.5秒	1秒	5秒	2.5秒	1.5秒	3秒	4.5秒	6秒	6.5秒	0秒	7秒	0秒	0秒	1秒	0秒	0秒	0秒

图 2-5　动画设置计划表

【任务实训】预置动画

任务书

项目名称	母亲节 H5 设计
项目背景	开发一个以“母亲节”为主题的 H5 作品，要求插画风格，情感真挚，易于传播
页面设计要求	素材采集：根据任务要求，采集图片、文本、音乐、视频等相关文件。创意独到，设计新颖，具有一定的时代文化内涵和审美意趣 素材加工：使用 Photoshop 对图片进行修饰、调色、裁剪，对首页标题字进行设计，突出宣传目的 版式设计：基于用户习惯，进行版式编排，注意页面的完整度和美观度，对信息内容进行梳理分析，注意作品调性、风格、视觉的统一。选择同一背景或采用成套系的色彩和元素，注意信息层级处理，把握形式节奏变化
动画交互要求	动画效果：根据创意完成单页面或多页面动画效果，把握动画的逻辑性、合理性和流畅性 音乐效果：背景音乐和按钮音效的合理配置 适配效果：应用场景的适配度 交互效果：翻页或滑动页面效果设置，点击等多种交互设置
成果要求	2 天内完成，作品素材包和作品发布二维码、网址链接

《母亲节快乐》作品视频

2.1.2 加载页动画制作

（1）利用模板编辑加载页页面

在页面最下方点击“从模板添加”按钮（图 2-6），“打开内容库”。在库中选择“公用模板”中的“加载页”（图 2-7）。在库中选择想要的加载页模板，鼠标移动到模板上出现“预览”和“插入”两个按键，点击“预览”可以查看模板效果，点击“插入”可以应用模板到舞台中（图 2-8）。插入舞台后，在右边“加载”中“样式”选择“首页作为加载界面”（图 2-9）。拖住添加的加载页到第 1 页。

点击菜单箱中的“资源管理器”按钮，打开界面，展开“第 1 页”，观察图层元素，后方有“替换”按钮的图像，可以点击后进行编辑修改。其他图层也可以在选中后进行再次编辑（图 2-10）。

图 2-6　从模板添加

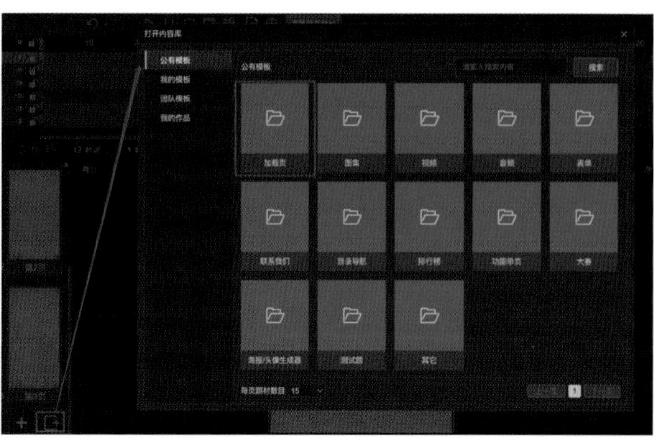

图 2-7　选择加载页模板

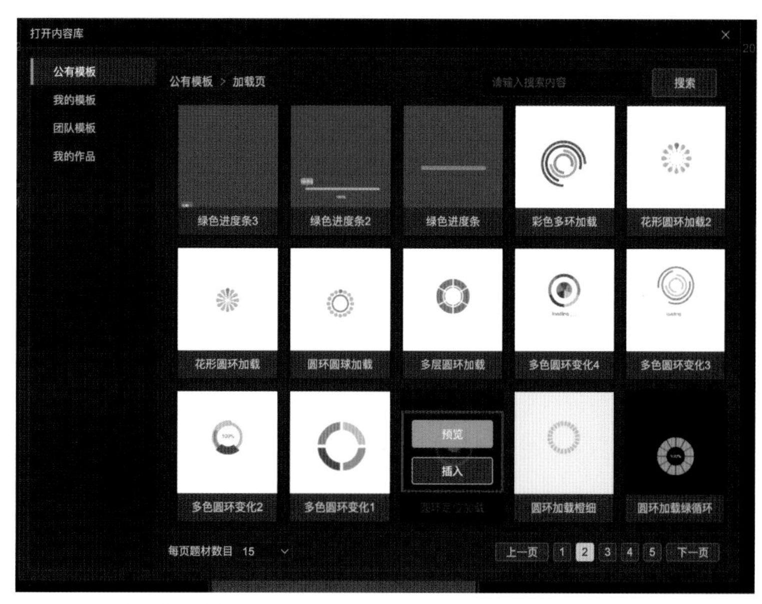

图 2-8　预览和插入模板

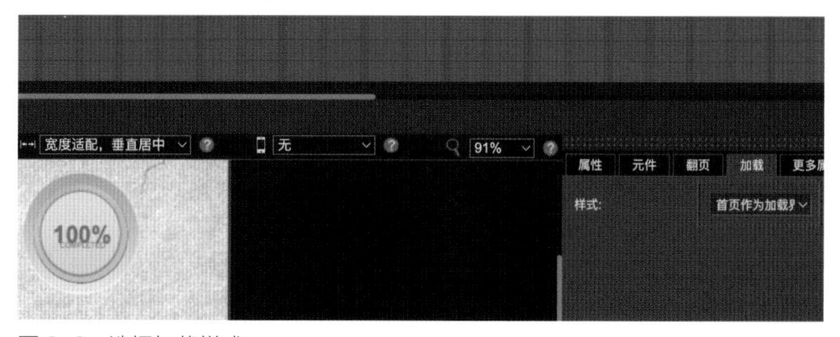

图 2-9　选择加载样式

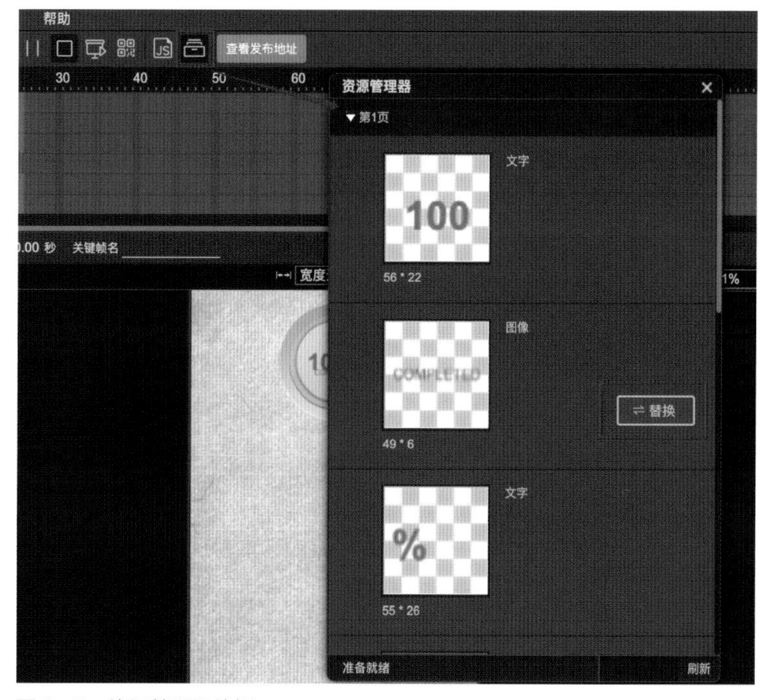

图 2-10　资源管理器编辑

（2）自创编辑加载页页面

“加载”的“样式”选择“首页作为加载界面”（图2-11），工具栏中选择“导入 Photoshop（PSD）素材”，打开界面，从素材文件夹中拖素材文件到界面中（图2-12）。

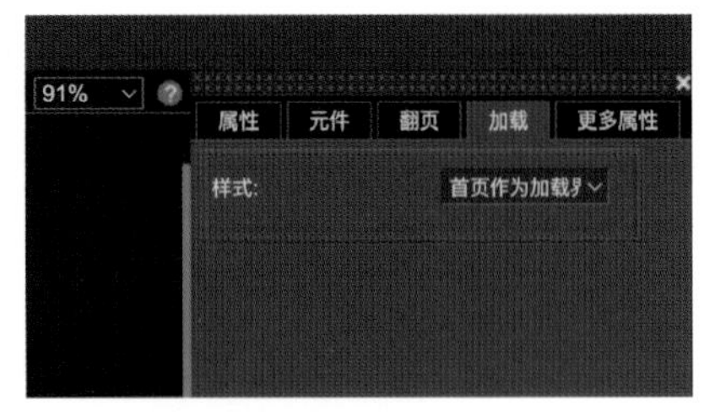

图 2-11　选择首页作为加载界面

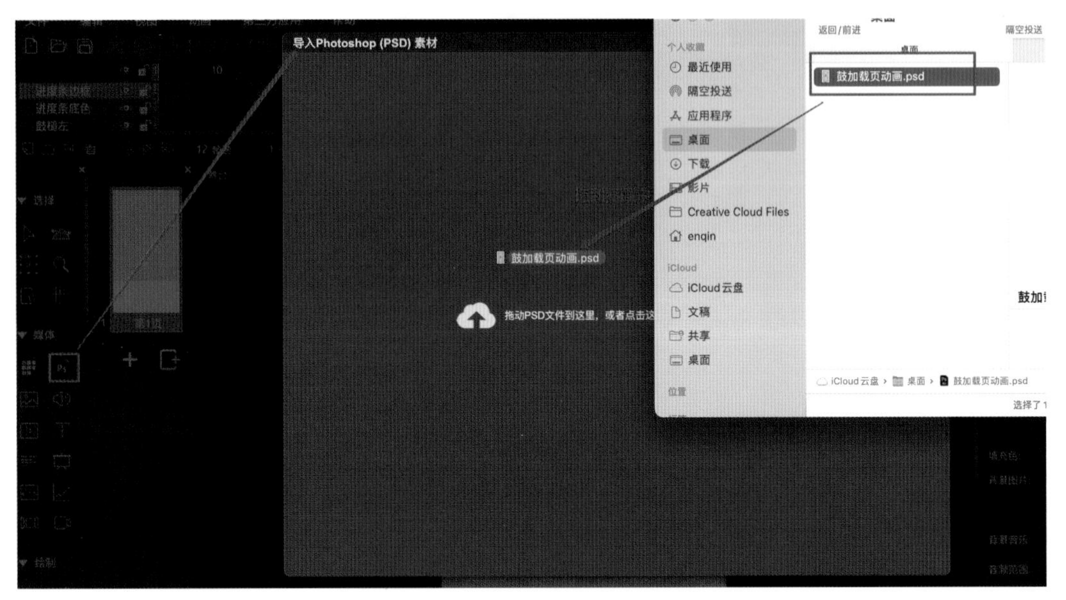

图 2-12　导入 PSD 文件

根据加载动画效果需要，制作相应的关键帧动画、进度动画和变形动画（图 2-13）。

图 2-13　制作动画

【任务实训】加载页自定义动画

任务书

项目名称	鼓劲加油 H5 加载页设计
项目背景	开发一个以“加油”为主题的 H5 加载页面作品，要求有创意动画效果
页面设计要求	素材采集：根据任务要求，采集图片、文本、音乐、视频等相关文件。创意独到，设计新颖，具有一定的时代文化内涵和审美意趣 素材加工：使用 Photoshop 对图片进行修饰、调色、裁剪 版式设计：基于用户习惯，进行版式编排，注意页面的完整度和美观度
动画交互要求	动画效果：根据创意完成自定义加载页面动画效果，把握动画的逻辑性、合理性和流畅性 适配效果：应用场景的适配度 交互效果：加载页页面效果设置
成果要求	1 天内完成，作品素材包和作品发布二维码、网址链接

鼓劲加油
教学视频

2.1.3　关键帧动画制作

（1）帧动画制作

在时间线面板中，选择 1 帧，右键选择“插入关键帧动画”添加关键帧动画（图 2-14），拖动时间指示器到需要改变位置、大小等属性的时间点上，修改属性自动生成新的关键帧，在两个关键帧之间生成动画效果（图 2-15）。

（2）对帧动画物体运动路径的调整

在运动物体上点右键，选择“路径”下的“自定义路径”（图 2-16），舞台中显示物体运动路径。选择工具栏中的“节点”工具，双击一个运动路径点，显示节点调节杠杆，鼠标左键拉动杠杆对路径进行修改（图 2-17）。

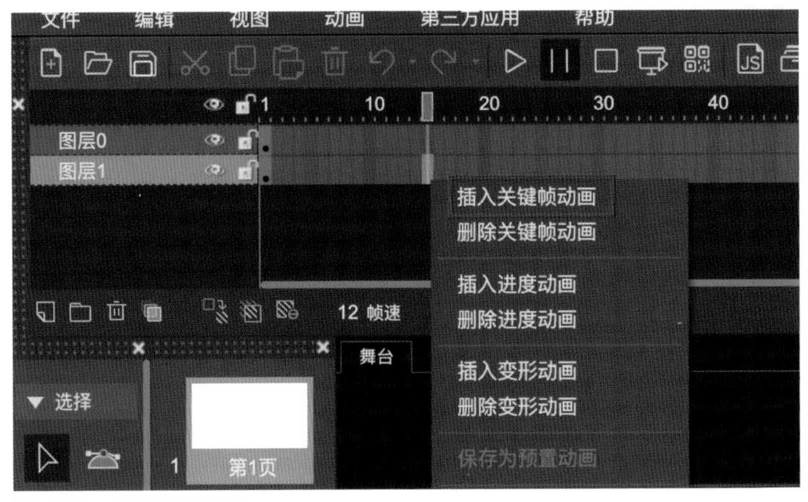

图 2-14　插入关键帧动画

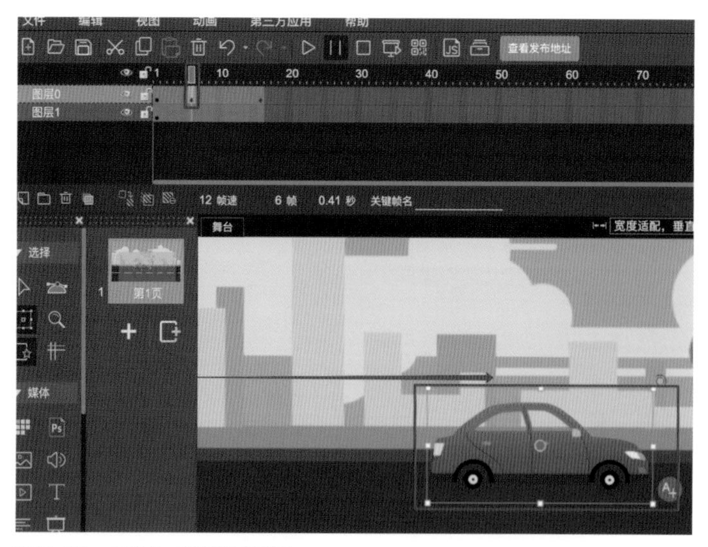

图 2-15　自动生成关键帧动画

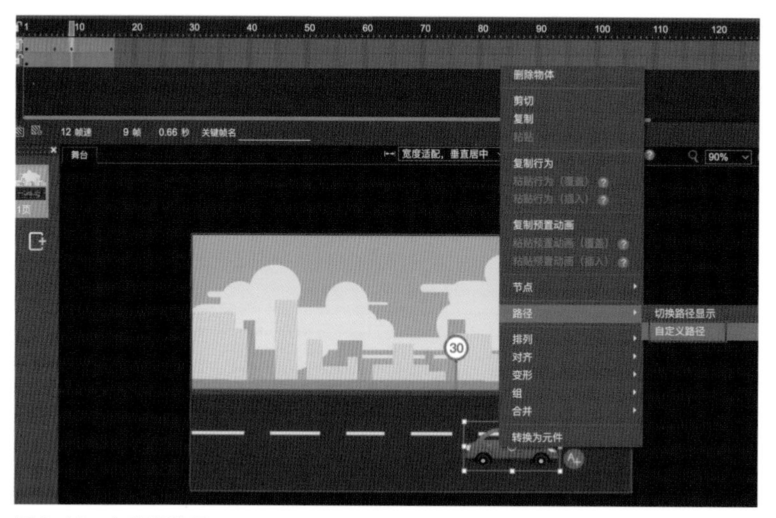

图 2-16　自定义路径

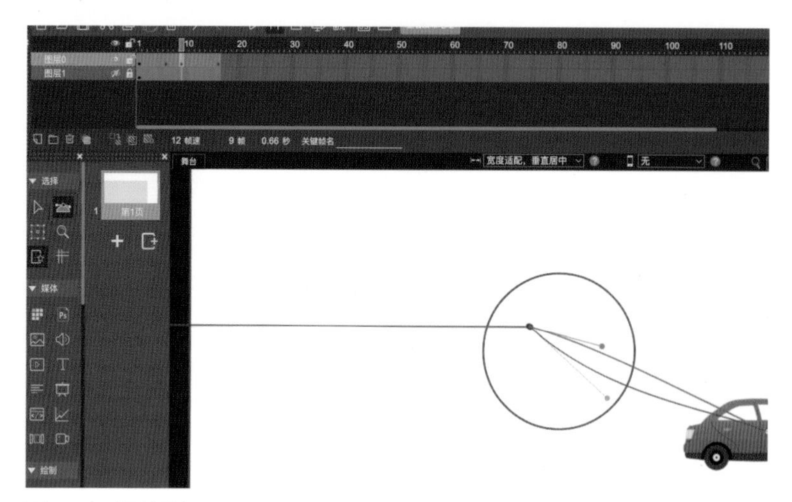

图 2-17　调整路径

（3）多个帧动画组合的制作

图层面板中点击新建图层按钮，在新的图层上从素材库添加元素到舞台中，在时间线上插入关键帧动画，制作多个帧动画效果（图 2-18）。

图 2-18　多个帧动画编辑

【任务实训】关键帧动画

任务书

项目名称	文明出行 H5 设计
项目背景	开发一个以“文明出行”为主题的 H5 动画作品，要求紧扣主题，扁平插画风格动画效果，易于传播
页面设计要求	素材采集：根据任务要求，采集图片、文本、音乐、视频等相关文件。创意独到，设计新颖，具有一定的时代文化内涵和审美意趣 素材加工：使用 Photoshop 对图片进行修饰、调色、裁剪，对首页标题字进行设计，突出宣传目的 版式设计：基于用户习惯，进行版式编排，注意页面的完整度和美观度，对信息内容进行梳理分析，注意作品调性、风格、视觉的统一。选择同一背景或采用成套系的色彩和元素，注意信息层级处理，把握形式节奏变化
动画交互要求	动画效果：根据创意完成单页面或多页面动画效果，把握动画的逻辑性、合理性和流畅性 音乐效果：背景音乐和按钮音效的合理配置 适配效果：应用场景的适配度 交互效果：翻页或滑动页面效果设置，点击等多种交互设置
成果要求	2 天内完成，作品素材包和作品发布二维码、网址链接

文明出行
教学视频

任务 2　H5 特型动画设计制作

2.2.1　进度与变形动画制作

（1）进度动画制作与编辑

用工具栏中“绘制”工具编辑出直线或曲线边框线条，或者在木疙瘩中直接输入文字，再在时间线上添加进度动画。选择需要添加动画的末尾帧，右键选择“插入进度动画”，自动生成各种动画效果，添加了进度动画的时间线帧会变成玫红色（图 2-19）。

（2）变形动画编辑

用工具栏中“绘制”工具编辑图形，或者在木疙瘩中直接输入文字，再在时间线上添加变形动画。选择需要添加动画的末尾帧，右键选择“插入变形动画”，选中动画的末尾帧利用“节点”工具修改舞台中的图形，前后关键帧之间会自动生成变形动画效果，添加了变形动画的时间线帧会变成黄色（图 2-20）。

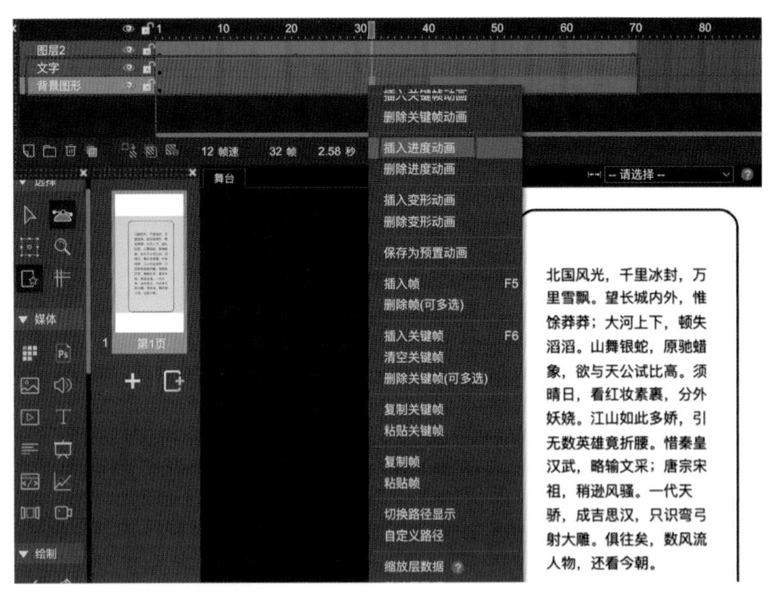

图 2-19　插入进度动画

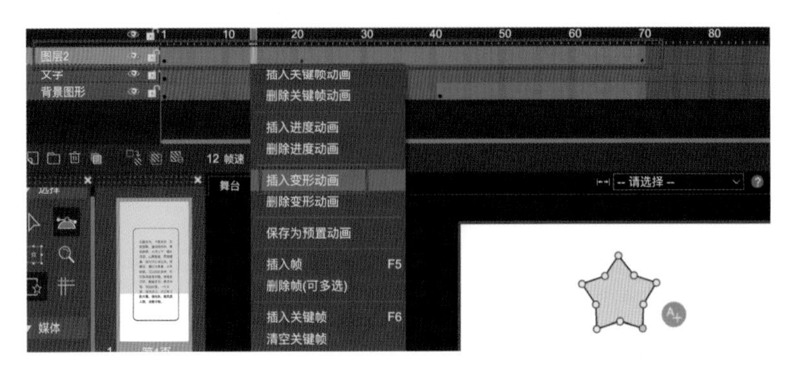

图 2-20　插入变形动画

【任务实训】进度与变形动画应用

任务书

项目名称	神奇画笔 H5 设计
项目背景	开发一个以“福”为主题的 H5 动画作品，要求体现中国传统文化，传播书法艺术，易于传播
页面设计要求	素材采集：根据任务要求，采集图片、文本、音乐、视频等相关文件。创意独到，设计新颖，具有一定的时代文化内涵和审美意趣 素材加工：使用 Photoshop 对图片进行修饰、调色、裁剪，对首页标题字进行设计，突出宣传目的 版式设计：基于用户习惯，进行版式编排，注意页面的完整度和美观度，对信息内容进行梳理分析，注意作品调性、风格、视觉的统一。选择同一背景或采用成套系的色彩和元素，注意信息层级处理，把握形式节奏变化
动画交互要求	动画效果：根据创意完成单页面或多页面动画效果，把握动画的逻辑性、合理性和流畅性 音乐效果：背景音乐和按钮音效的合理配置 适配效果：应用场景的适配度 交互效果：翻页或滑动页面效果设置，点击等多种交互设置
成果要求	2 天内完成，作品素材包和作品发布二维码、网址链接

神奇画笔
教学视频

2.2.2　元件动画制作

元件是作品中独立的活动单元，有自己的时间轴和属性，具有可交互性。元件的特点有：①一次修改、重复利用；②同一个元件，可用不同的方法去做交互控制；③可跨文件复制。

创建元件：元件库里新建元件（图 2-21），或点击物体右键选择“转化为元件”（图 2-22）。

使用元件：添加到舞台的方式——直接拖入或点击元件库下方“添加到绘画板”按钮（图 2-23），选择元件方式——直接在舞台，修改元件的方式——在舞台或元件库里找到，双击进行修改。

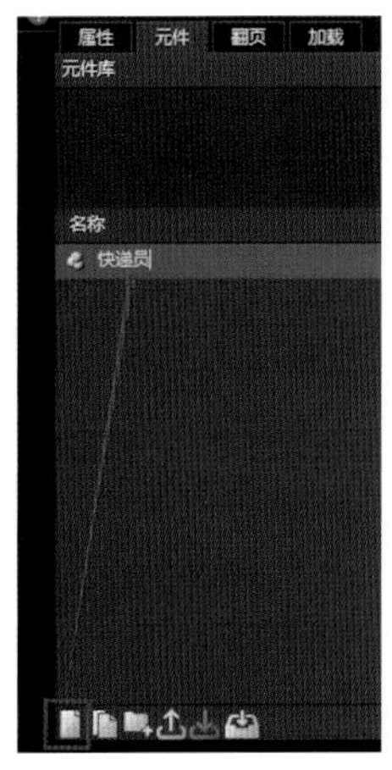

图 2-21　新建元件

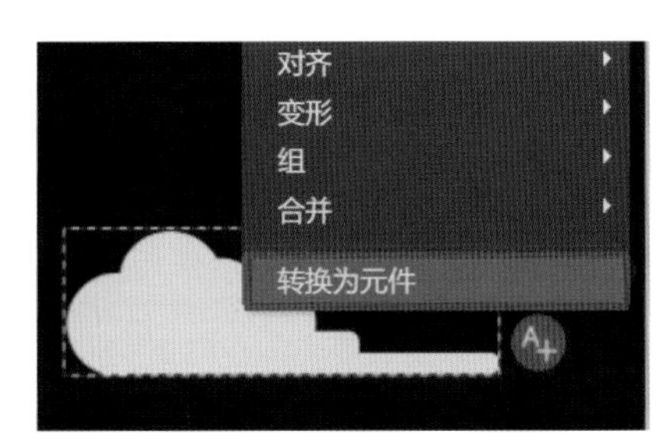

图 2-22　转化为元件

图 2-23　添加到绘画板按钮

复制元件：在舞台中选择元件，按 Ctrl+C 和 Ctrl+V 复制同一个元件，或在元件库里选择元件后点击元件库下方的“复制元件”按钮(图 2–24)。

图 2–24　复制元件按钮

删除元件：在舞台里找到元件后按 Delete 键或点击元件库下方的“删除”按钮。注意元件正被舞台引用时，无法删除（图 2–25）。

图 2–25　删除按钮

【任务实训】元件动画应用

任务书

项目名称	城市快递 H5 设计
项目背景	开发一个以“劳动光荣”为主题的 H5 动画作品，要求有时代性，反映一线产业工人的勤劳，易于传播
页面设计要求	素材采集：根据任务要求，采集图片、文本、音乐、视频等相关文件。创意独到，设计新颖，具有一定的时代文化内涵和审美意趣 素材加工：使用 Photoshop 对图片进行修饰、调色、裁剪，对首页标题字进行设计，突出宣传目的 版式设计：基于用户习惯，进行版式编排，注意页面的完整度和美观度，对信息内容进行梳理分析，注意作品调性、风格、视觉的统一。选择同一背景或采用成套系的色彩和元素，注意信息层级处理，把握形式节奏变化
动画交互要求	动画效果：根据创意完成单页面或多页面动画效果，把握动画的逻辑性、合理性和流畅性 音乐效果：背景音乐和按钮音效的合理配置 适配效果：应用场景的适配度 交互效果：翻页或滑动页面效果设置，点击等多种交互设置
成果要求	2 天内完成，作品素材包和作品发布二维码、网址链接

城市快递1
教学视频

城市快递2
教学视频

拓展学习

元件与预置动画
（案例：动画小图标）

元件与关键帧动画
（案例：汽车运动）

路径动画基础
（案例：赛车行驶）

路径动画进阶
（案例：花丛里的蜜蜂）

思考

父亲节、母亲节或儿童节等主题，如何利用木疙瘩专业编辑器进行作品基础动画设计和特型动画制作，动画设置计划表如何拟订并发布二维码和作品网址。

模块 3
H5 交互效果制作

素材3

知识导读

通过本模块的学习，理解木疙瘩平台的基本交互逻辑，掌握木疙瘩平台常见交互设置、属性修改、微信头像昵称获取、点赞、倒计时、幻灯片、数据收集等控件的使用方法，掌握木疙瘩平台的虚拟现实全景效果图制作、连线组件、拖拽组件和投票等行为交互的设置方法。

学习目标

（1）掌握木疙瘩平台的基本交互逻辑。

（2）掌握常规组件的基本操作流程。

能力目标

（1）掌握木疙瘩平台常见的交互设置方法。

（2）掌握倒计时、属性修改、微信定制、擦玻璃、点赞、绘画板、幻灯片和数据收集等控件的使用方法。

（3）掌握虚拟现实页面的编辑与发布。

（4）掌握拖拽功能的复杂应用。

（5）完成 H5 作品素材采集、复杂动画交互编辑、保存发布等工作任务。

任务 1　H5 基础交互效果制作

3.1.1　基础交互控制

（1）行为的添加

点击物体右边的“添加 / 编辑行为”按钮（图 3-1）或者按快捷键“X”，弹出“编辑行为”对话框。

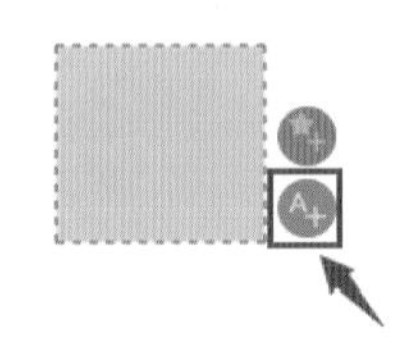

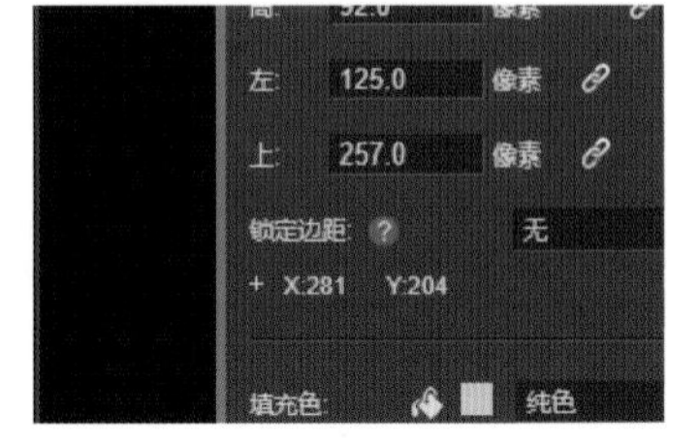

图 3-1　物体上添加行为

也可以将行为添加到帧上，如在关键帧上面点击右键，在最下面可以添加行为（图 3-2）。

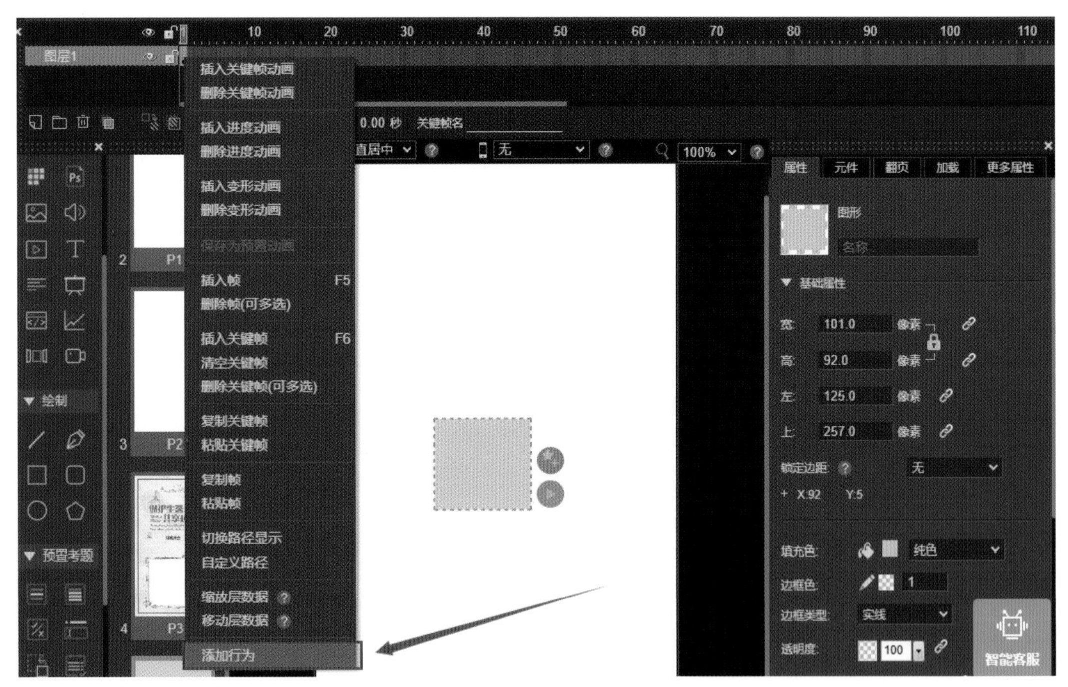

图 3-2　帧上添加行为

行为（图 3-3）包括动画播放控制（图 3-4）、媒体播放控制（图 3-5）、属性控制（图 3-6）、微信定制（图 3-7）、手机功能（图 3-8）、数据服务（图 3-9）六大部分。

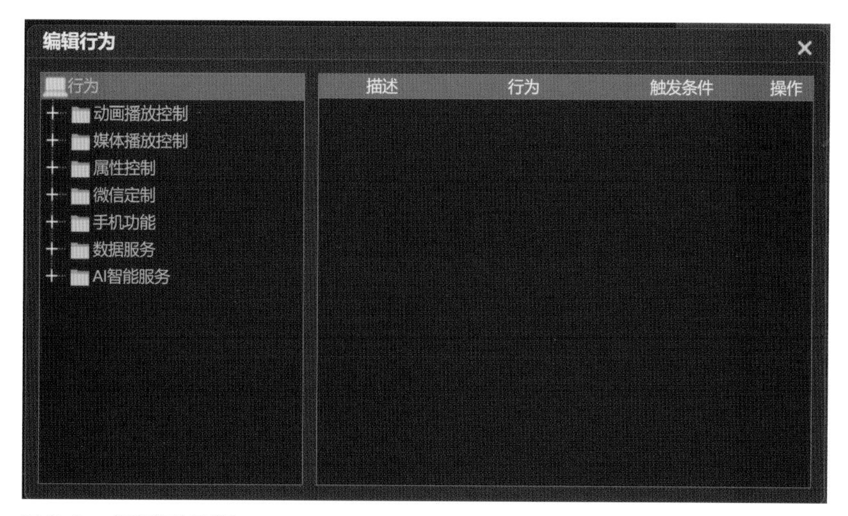

图 3-3　编辑行为面板

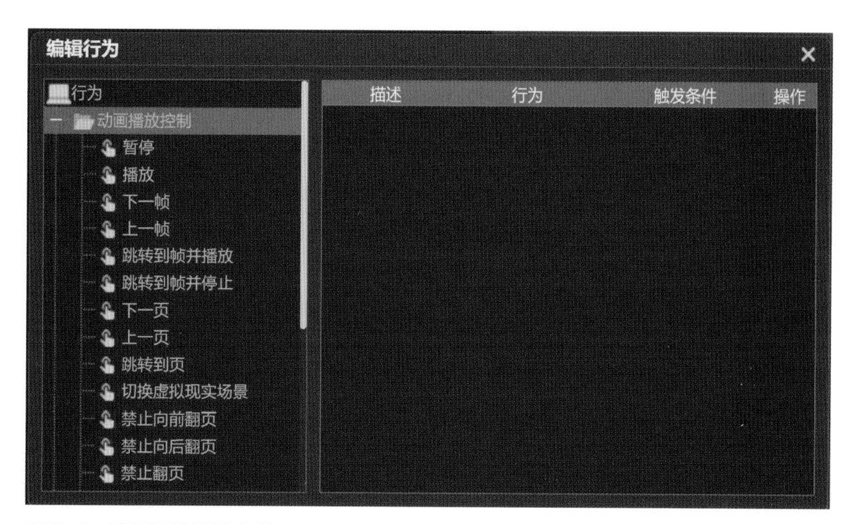

图 3-4　动画播放控制分类

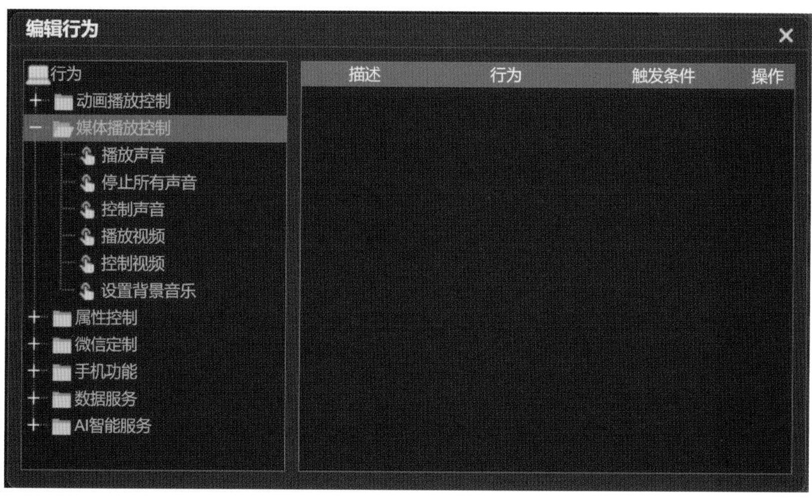

图 3-5　媒体播放控制分类

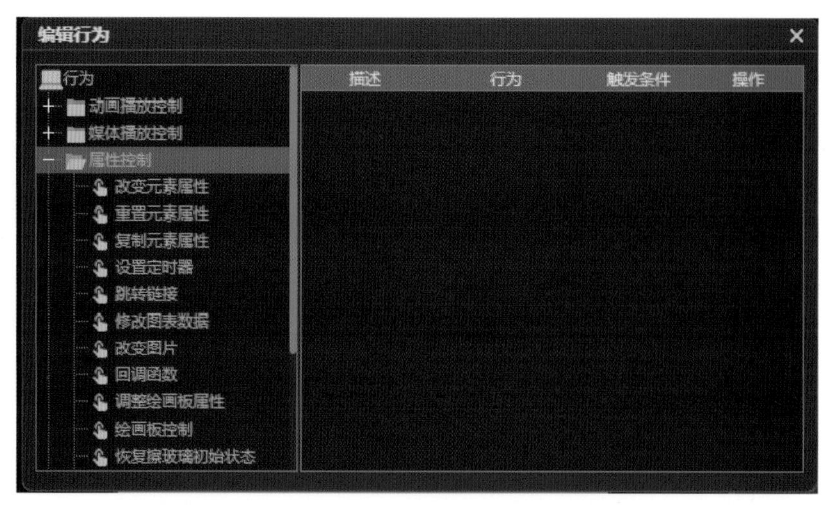

图 3-6　属性控制分类

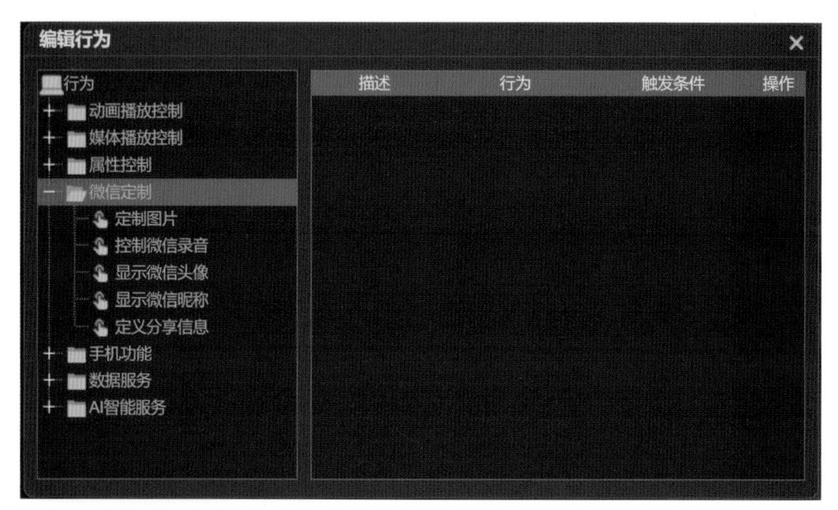

图 3-7　微信定制分类

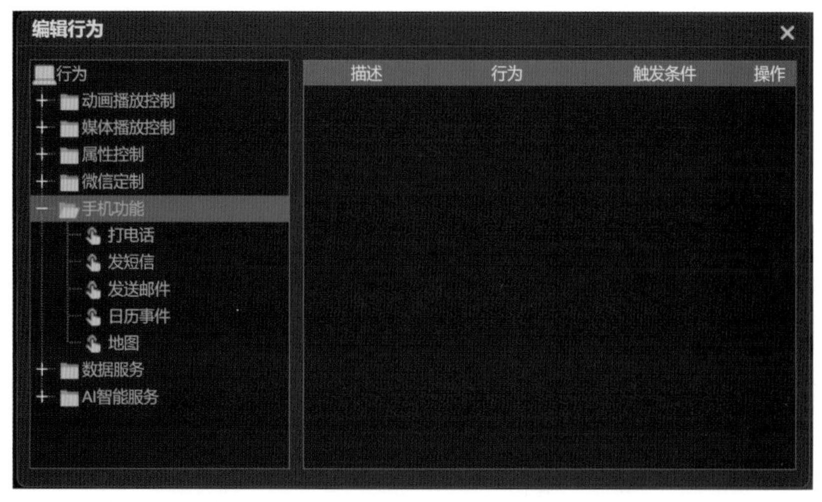

图 3-8　手机功能分类

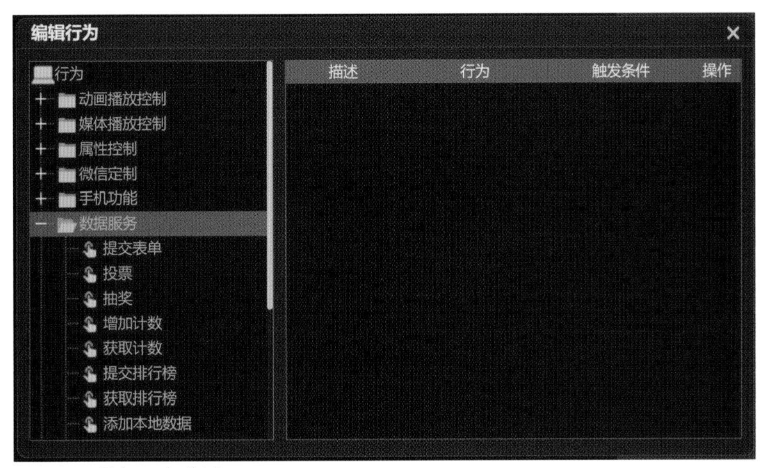

图 3-9　数据服务分类

（2）触发事件

在编辑行为面板，选中左边任意行为例如“播放”行为，在右边“触发条件”下拉菜单中有点击、出现、手指按下、手指抬起等多种触发行为的条件选项（图 3-10）。通过选择不同的触发条件组合可以形成无数种逻辑表达。

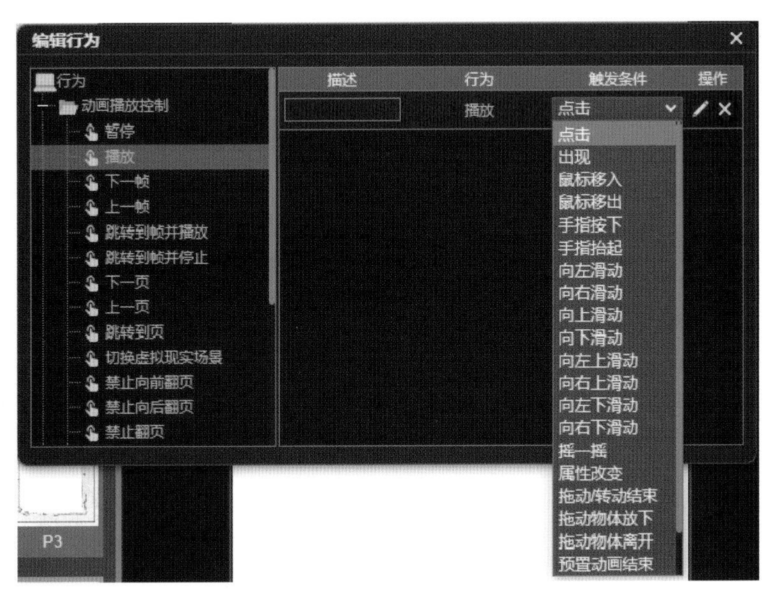

图 3-10　物体上行为的触发条件

当帧上被添加行为后，帧的上方会出现一个大写的 A（图 3-11），这时编辑行为面板中，触发条件只有一个“进入帧”即可触发左边选中的行为。

（3）常见的行为控制

暂停 / 播放：当满足触发条件时可对舞台或者元件设置暂停 / 播放（图 3-12）。

上一帧 / 下一帧：当满足触发条件时可对舞台或者元件设置跳转到上一帧 / 下一帧（图 3-13）。

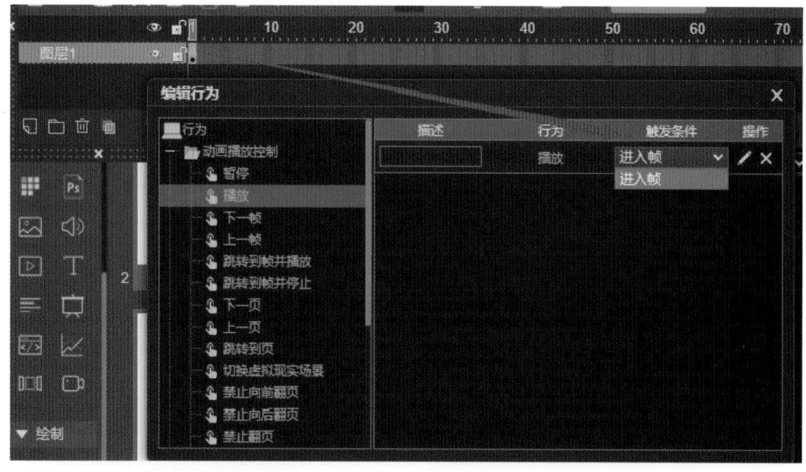

图 3-11　帧上行为的触发条件

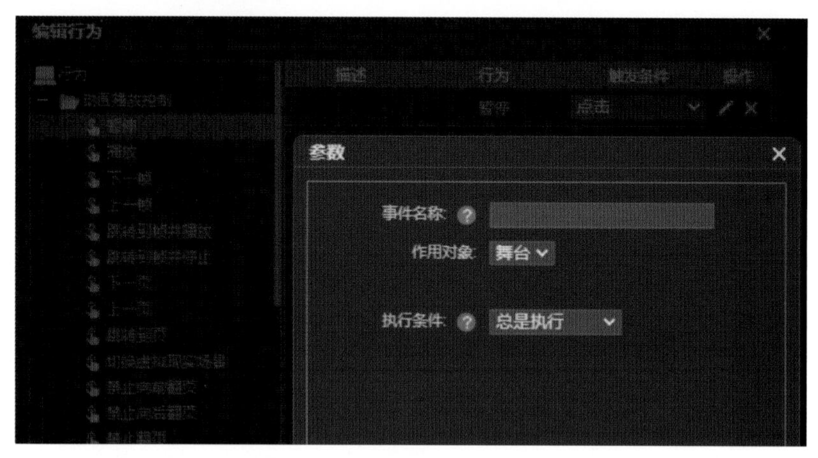

图 3-12　暂停 / 播放行为参数

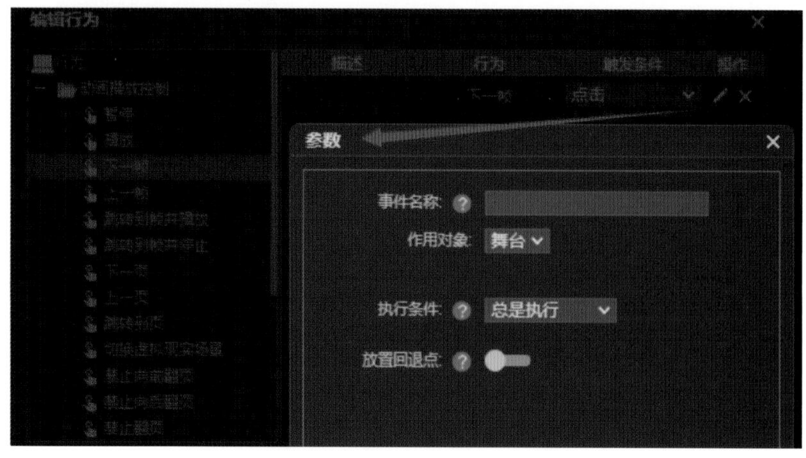

图 3-13　上一帧 / 下一帧行为参数

跳转到帧并播放 / 跳转到帧并停止：当满足触发条件时，可对舞台或者元件设置具体跳转到哪一页（通过“页名称”设置）的哪一帧（通过“帧号”或者“帧名称”设置），然后进行开始播放或者停止在当前帧（图 3-14）。

图 3-14　跳转到帧并播放 / 跳转到帧并停止行为参数

下一页 / 上一页：当满足触发条件时跳转到上一页 / 下一页（图 3-15）。

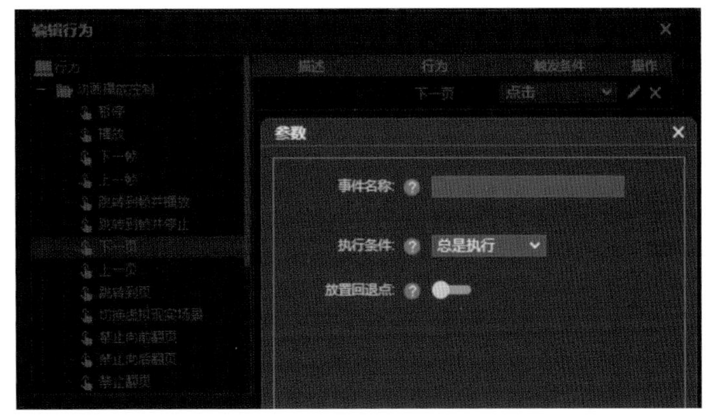

图 3-15　下一页 / 上一页行为参数

跳转到页：当满足触发条件时跳转到具体的某一页（通过“页号”或者“页名称”设置），并可以设置翻页方式、翻页方向及翻页时间等行为（图 3-16）。

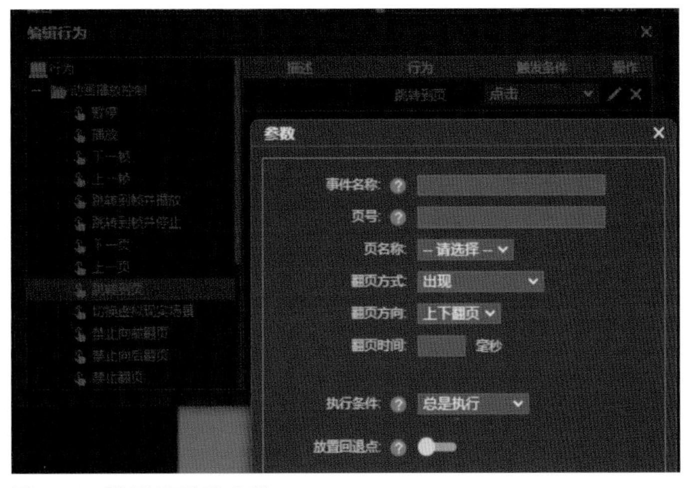

图 3-16　跳转到页行为参数

禁止翻页 / 恢复翻页：当满足触发条件时只针对系统默认的翻页行为进行禁止或者恢复（图 3-17），即禁止或者恢复系统默认的上下滑动界面可翻页，对其他通过按钮设置的翻页效果不起作用。

图 3-17　禁止翻页 / 恢复翻页行为参数

播放元件片段：当满足触发条件时，可通过设置“元件实例名称”播放该元件，还可设置是否循环播放，也可以设置只播放“起始帧号”到“结束帧号”这一片段（图 3-18）。

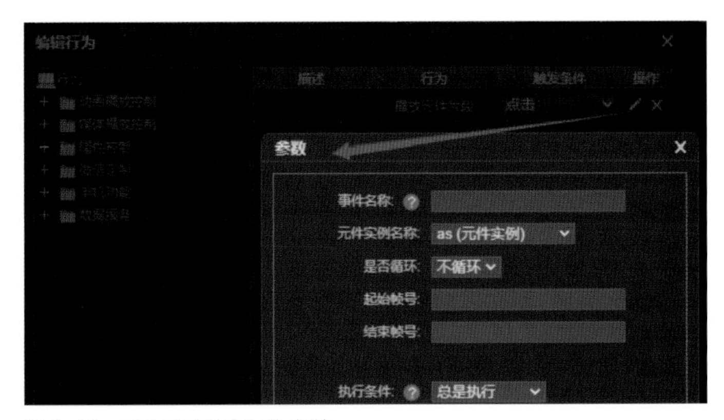

图 3-18　播放元件片段行为参数

播放声音：当满足触发条件时，可通过“音频名称”或者“声音元件”设置播放具体某一个音频（图 3-19）。

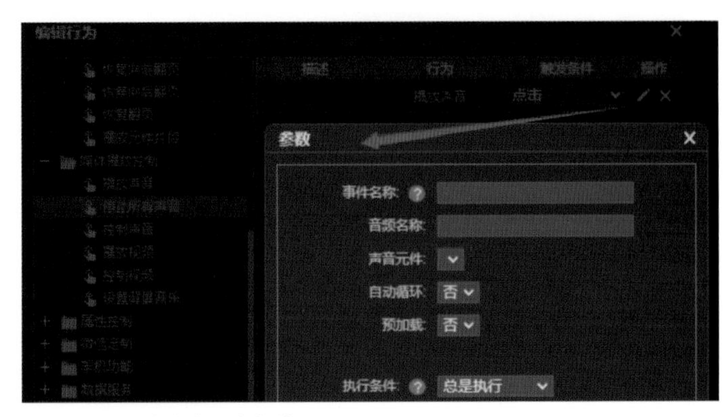

图 3-19　播放声音行为参数

停止所有声音：当满足触发条件时，停止所有声音。

控制声音：当满足触发条件时，可通过“音频名称”设置音频元素的控制方式，控制方式有暂停、停止、播放等方式（图3-20），当选择“跳转到并播放”时即可跳转到具体某一秒开始播放（图3-21），“音量”可输入数值0～100来控制声音大小。

图3-20 控制声音行为的控制方式参数

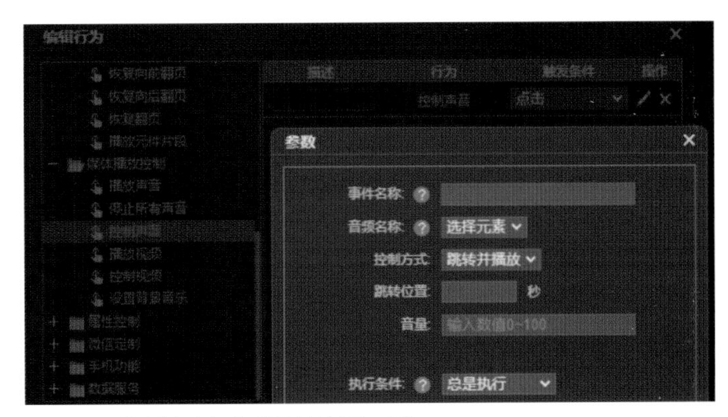

图3-21 控制声音行为的跳转并播放参数

控制声音：当满足触发条件时，可通过“视频名称”设置视频元素的控制方式，控制方式有暂停、停止、播放等方式（图3-22），当选择“跳转到并播放”时即可跳转到具体某一秒开始播放（图3-23）。

图3-22 控制视频行为的控制方式参数

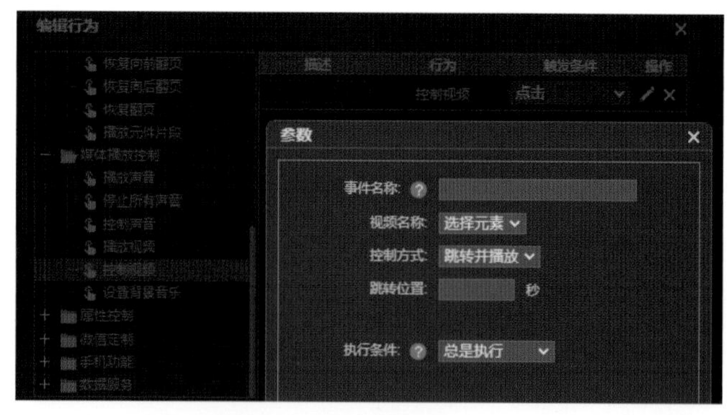

图 3-23　控制视频行为的跳转并播放参数

设置背景音乐：当满足触发条件时，“图标位置”可设置在右上角、左上角等位置，设置为“隐藏”时音乐图标不可见（图 3-24），“播放状态”可设置播放或停止，“音量”可输入数值 0 ~ 100 来控制声音大小，“播放位置”可设置从具体某一秒开始播放。

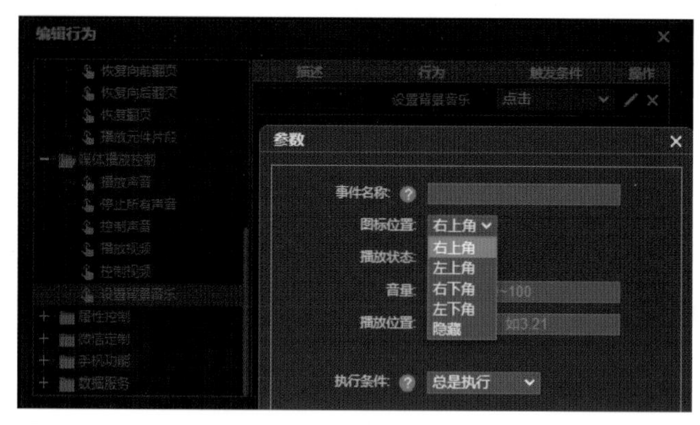

图 3-24　设置背景音乐行为参数

改变元素属性：当满足触发条件时，可通过“元素名称”设置某元素的元素属性，如左、上、透明度等（图 3-25），赋值方式有“用设置的值替换现有值”和“在现有值基础上增加”两种（图 3-26），具体数值在“取值”一栏输入。

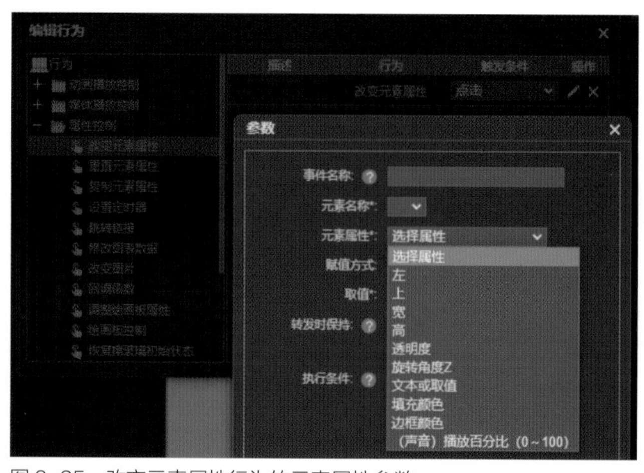

图 3-25　改变元素属性行为的元素属性参数

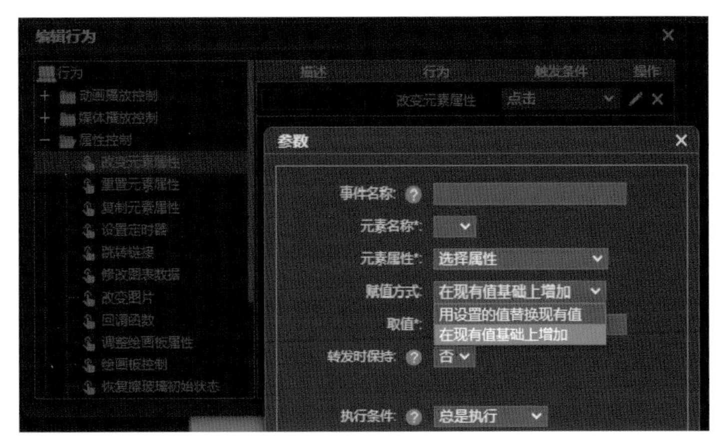

图 3-26　改变元素属性行为的赋值方式参数

重置元素属性：当满足触发条件时，可通过“元素名称”重置具体某元素或“所有元素”等的元素属性（图 3-27），“元素属性”可设置重置“所有属性”或具体某一个属性（图 3-28）。

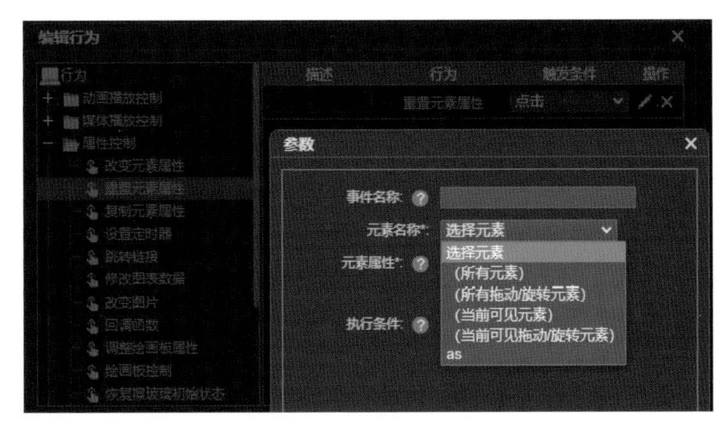

图 3-27　重置元素属性行为的元素名称参数

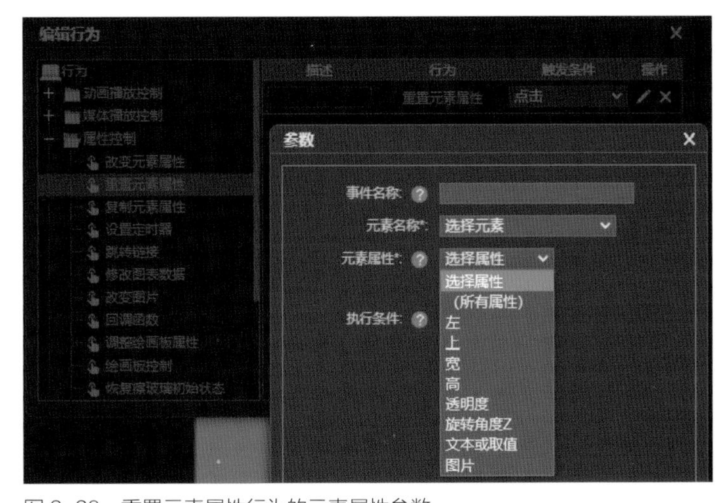

图 3-28　重置元素属性行为的元素属性参数

设置定时器：当满足触发条件时，可通过“定时器名称”选择一个定时器设置状态为暂停定时器、继续定时器、重置定时器（图 3-29）。

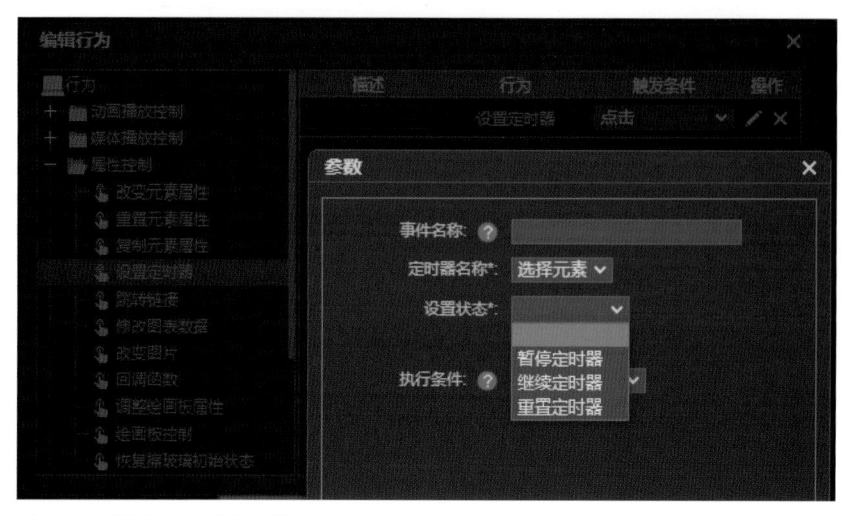

图 3-29　设置定时器行为参数

改变图片：当满足触发条件时，可把“目标元素”设置成“源元素”的图片（图 3-30）。

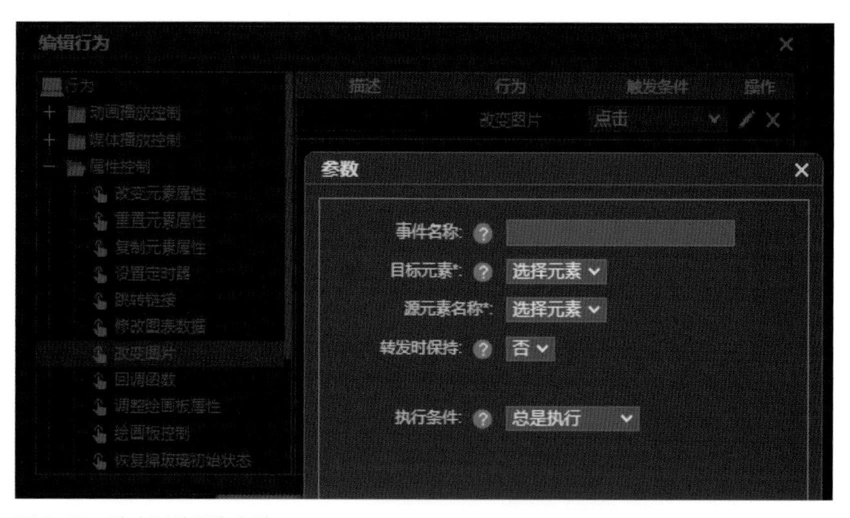

图 3-30　改变图片行为参数

【任务实训】行为交互动画制作

情满中秋1
教学视频

情满中秋2
教学视频

情满中秋3
教学视频

情满中秋4
教学视频

任务书

项目名称	情满中秋 H5 设计
项目背景	根据融媒体内容制作 1+X 中级考核样题要求，完成一个以“中秋”为主题的 H5 作品
页面设计要求	素材使用：根据任务要求，合理使用图片、文本、音乐、视频等相关文件 版式设计：基于用户习惯，进行版式编排，注意页面的完整度和美观度，对信息内容进行梳理分析，注意作品调性、风格、视觉的统一。选择同一背景或采用成套系的色彩和元素，注意信息层级处理，把握形式节奏变化
动画交互要求	动画效果：根据创意完成单页面或多页面动画效果，把握动画的逻辑性、合理性和流畅性 音乐效果：背景音乐和按钮音效的合理配置 适配效果：应用场景的适配度 交互效果：翻页或滑动页面效果设置，点击等多种交互设置
成果要求	1 天内完成，作品发布二维码、网址链接

3.1.2 微信定制

（1）微信头像制作与编辑

在“微信”工具栏下点击“微信头像”按钮，在“舞台”上会出现一个圆形的微信头像区域（图 3-31）。

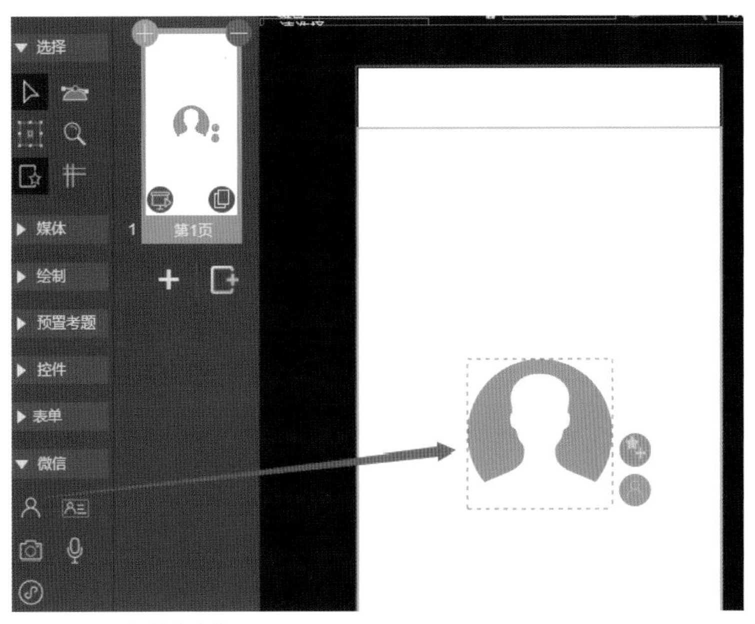

图 3-31　添加微信头像

这时微信头像的“添加 / 编辑行为”按钮已是绿色，点击进入“编辑行为”对话框，发现其已自带编辑行为，即行为为“显示微信头像”，触发条件为“出现”（图 3-32）。

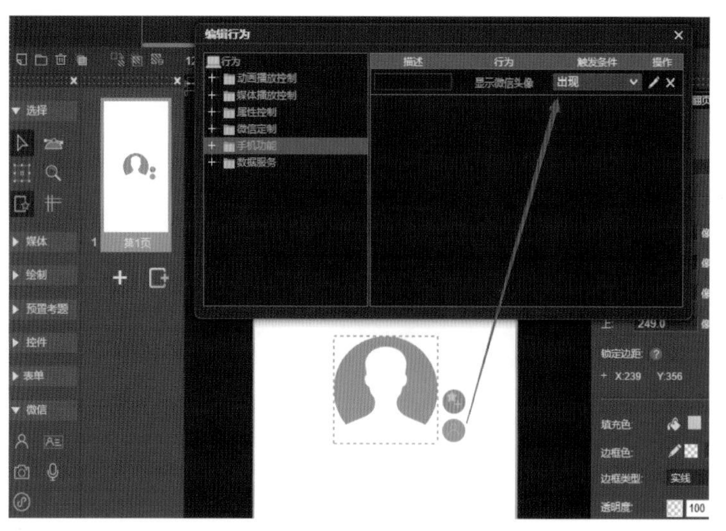

图 3-32　查看微信头像行为

用行为方式提取微信头像：在“舞台”上添加一个矩形（或其他各种形式），命名为“微信头像”（图 3-33）。

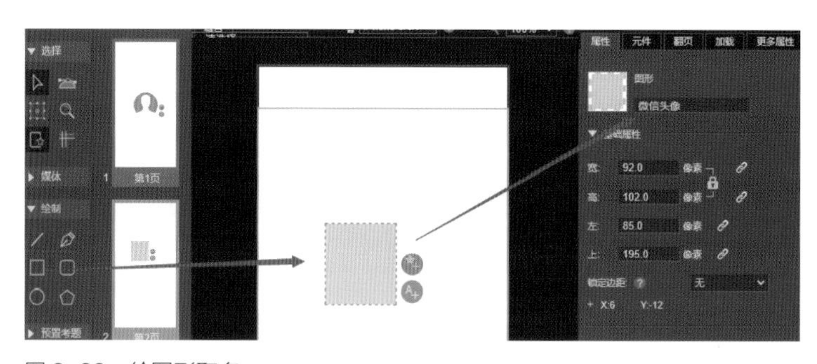

图 3-33　给图形取名

点击矩形的“添加 / 编辑行为”按钮，在“编辑行为”对话框中选择“微信定制”—“显示微信头像”—触发条件为“出现”，点击“编辑”按钮在“参数”对话框中选择“目标元素”为“微信头像”，即设置了微信头像功能（图 3-34）。

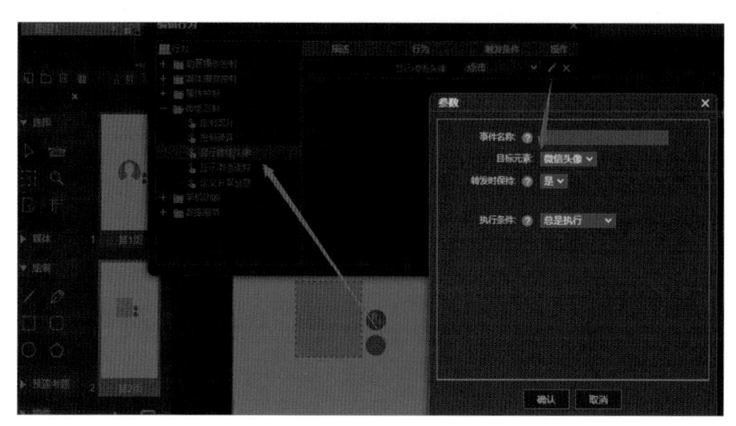

图 3-34　给图形添加行为

（2）微信昵称编辑

在“微信”工具栏下点击“微信昵称”按钮，在“舞台”上会出现一个内容为“微信昵称”的文字框（图3-35）。

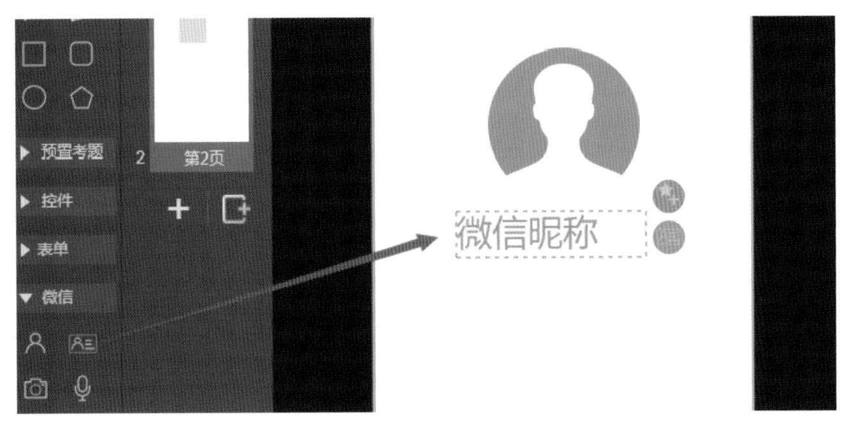

图3-35　添加微信昵称

这时文字框也自带编辑行为，点击“添加/编辑行为”按钮，进入“编辑行为”对话框。行为为“显示微信昵称”，触发条件为“出现”（图3-36）。

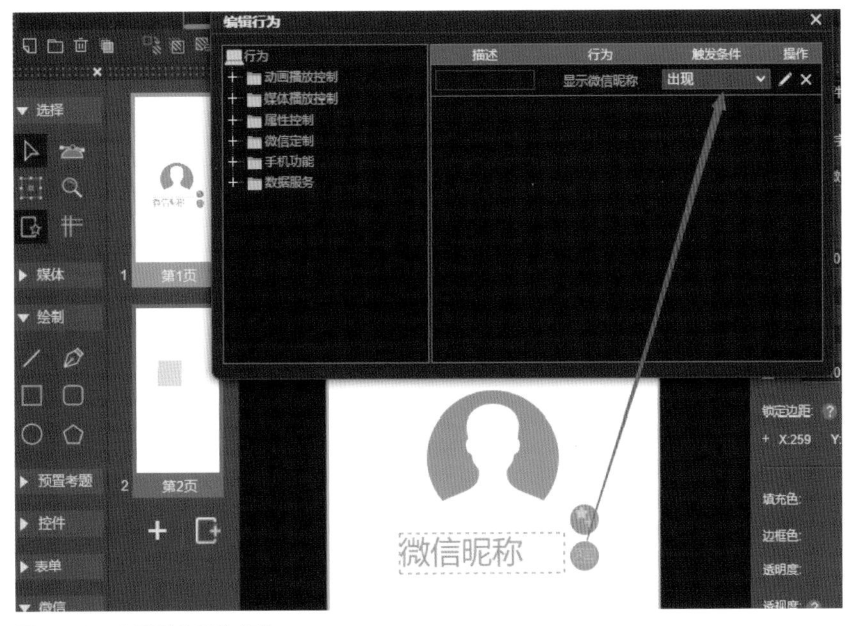

图3-36　查看微信昵称行为

用行为方式提取微信昵称：在“舞台”上添加一个文本框，命名为“微信昵称”，点击文本框的“添加/编辑行为”按钮，在“编辑行为”对话框中选择“微信定制”—“显示微信昵称”—触发条件“出现”，点击“编辑”按钮在“参数”对话框中选择“目标元素”为“微信昵称”，即设置了微信昵称功能（图3-37）。

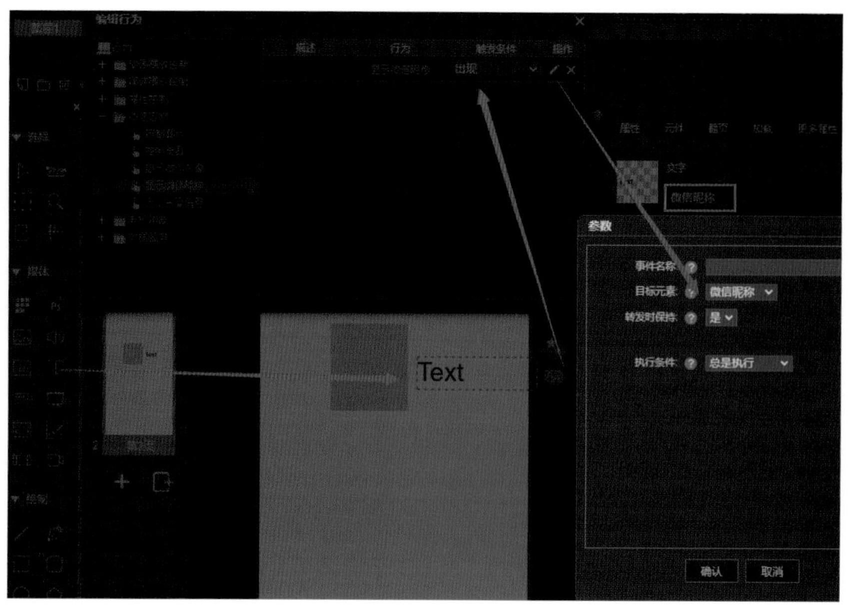

图 3-37　通过文本获取微信昵称行为

（3）定制图片获取与编辑

在“微信”工具栏下点击“定制图片”按钮，在“舞台”上会出现一个圆形区域。这时圆形区域也同样自带编辑行为，点击“添加 / 编辑行为”按钮，进入“编辑行为”对话框，发现自带的行为为“定制图片”，触发条件为“点击”（图 3-38）。

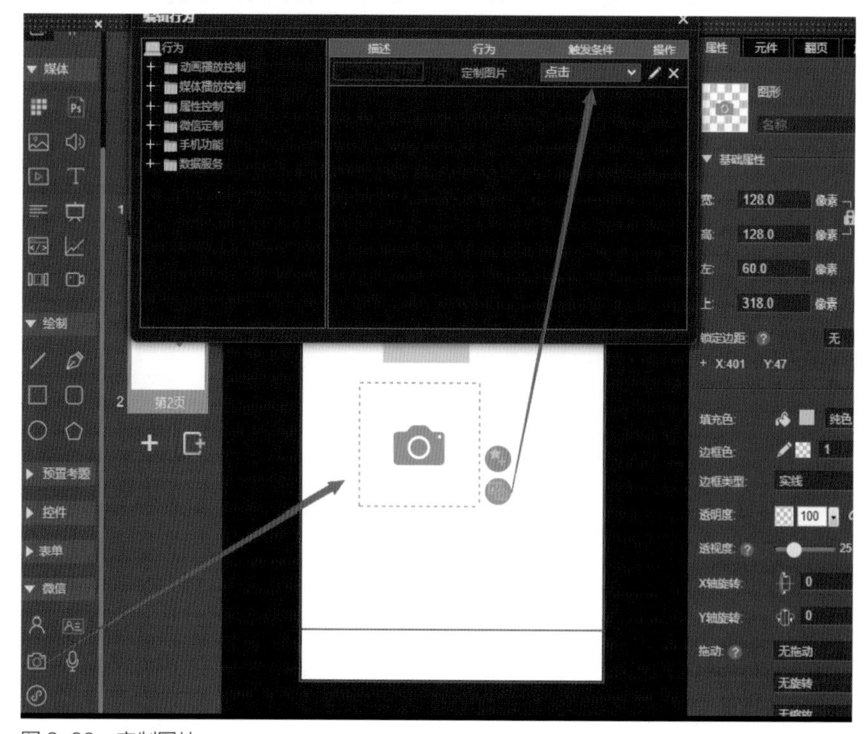

图 3-38　定制图片

用行为方式制作“定制图片”功能：在“舞台”上添加一个圆角矩形，为圆角矩形命名为“定制图片”，点击其“添加/编辑行为”按钮在“编辑行为”对话框中选择“微信定制”—“定制图片”—触发条件“点击”（图 3-39）。

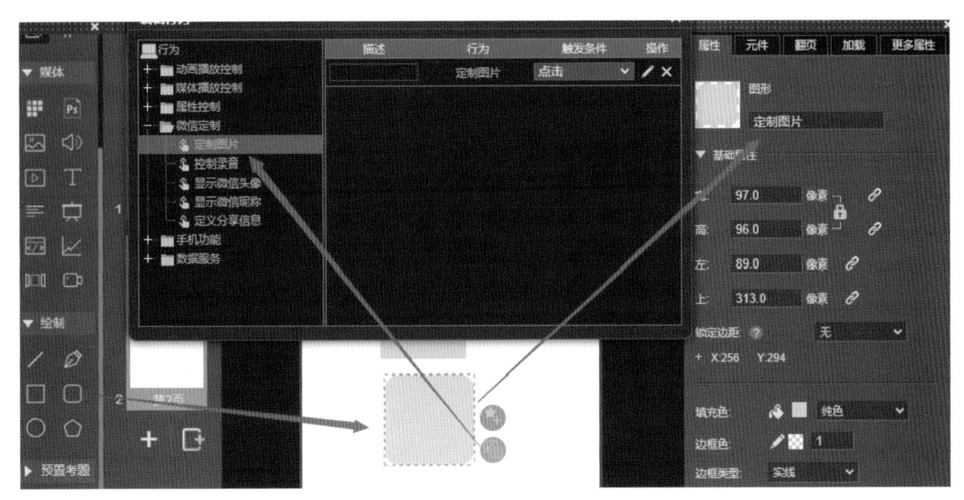

图 3-39　用行为方式定制图片

点击“编辑”按钮，进入“参数”对话框，设置“目标元素”为“定制图片”，点击“确认”，即设置了定制图片功能（图 3-40）。

图 3-40　编辑定制图片参数

（4）定义分享信息

定义分享信息包括在微信里转发给朋友或朋友圈时的标题和描述。

默认的方式：在操作页面右边的“更多”面板内填写简要描述、作者信息等内容（图 3-41）。

定义分享信息方式：选中第 1 页，在“舞台”外面添加一个矩形，点击矩形“添加 / 编辑行为”按钮进入“编辑行为”对话框，选择“微信定制”—“定义分享信息”—触发条件“出现”（图 3-42）。

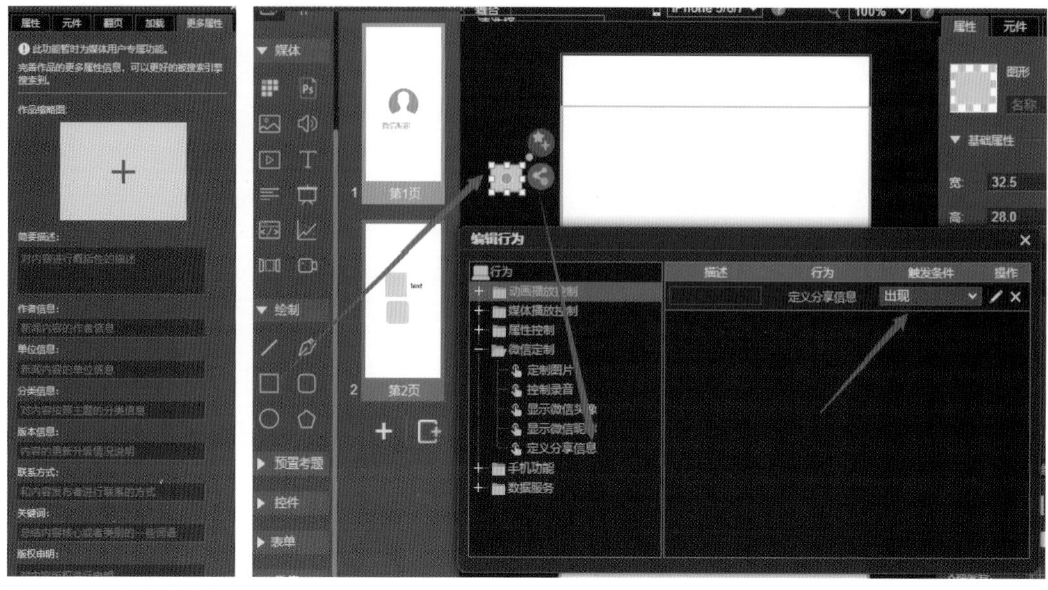

图 3-41　自定义分享信息　图 3-42　定义分享信息

点击“编辑”按钮进入“参数”对话框填写。

分享标题：“我得了 100 分”。

分享描述：“这个游戏很好玩”。

分享朋友圈标题：“亲一起来玩吧”。

点击分享缩略图后面的“+”号，可以添加一张缩略图片（图 3-43）。

图 3-43　设置了定义分享信息的详细参数

【任务实训】微信定制页面制作

任务书

项目名称	定制贺卡 H5 设计
项目背景	好朋友马上过生日，希望收到一个特别的生日祝福
页面设计要求	素材采集：根据任务要求，采集图片、文本、音乐、视频等相关文件。创意独到，设计新颖，具有一定的时代文化内涵和审美意趣 素材加工：使用 Photoshop 对图片进行修饰、调色、裁剪，对首页标题字进行设计，突出宣传目的 版式设计：基于用户习惯，进行版式编排，注意页面的完整度和美观度，对信息内容进行梳理分析，注意作品调性、风格、视觉的统一。选择同一背景或采用成套系的色彩和元素，注意信息层级处理，把握形式节奏变化
动画交互要求	动画效果：根据创意完成单页面或多页面动画效果，把握动画的逻辑性、合理性和流畅性 音乐效果：背景音乐和按钮音效的合理配置 适配效果：应用场景的适配度 交互效果：翻页或滑动页面效果设置，点击等多种交互设置
成果要求	1 天内完成，作品素材包和作品发布二维码、网址链接

定制贺卡
教学视频

3.1.3　交互效果工具使用

（1）擦玻璃效果制作

在“控件”工具栏下找到“擦玻璃”按钮，点击选中，在“舞台”上以拖拉的方式生成一个擦玻璃控件（图 3-44）。

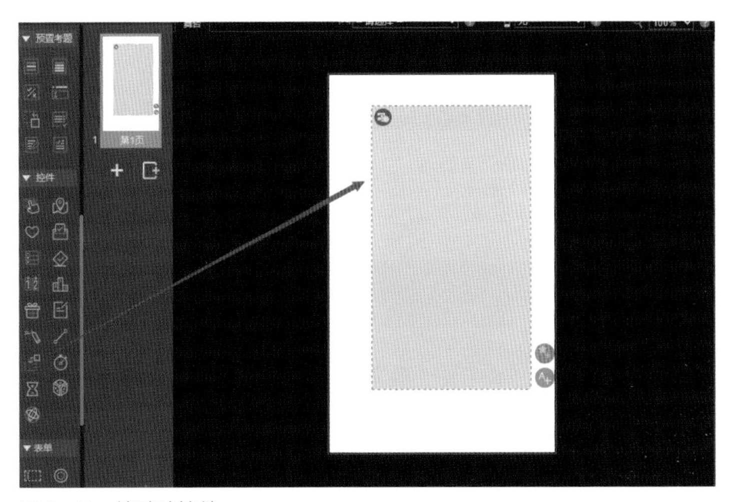

图 3-44　擦玻璃控件

选中“舞台”上的擦玻璃控件，在其“属性”面板下可设置其各种属性，为其命名，改变背景图片（擦除后的图片）、前景图片（擦除前的图片）等（图 3-45），点击“背景图片”右边的“+”符号。

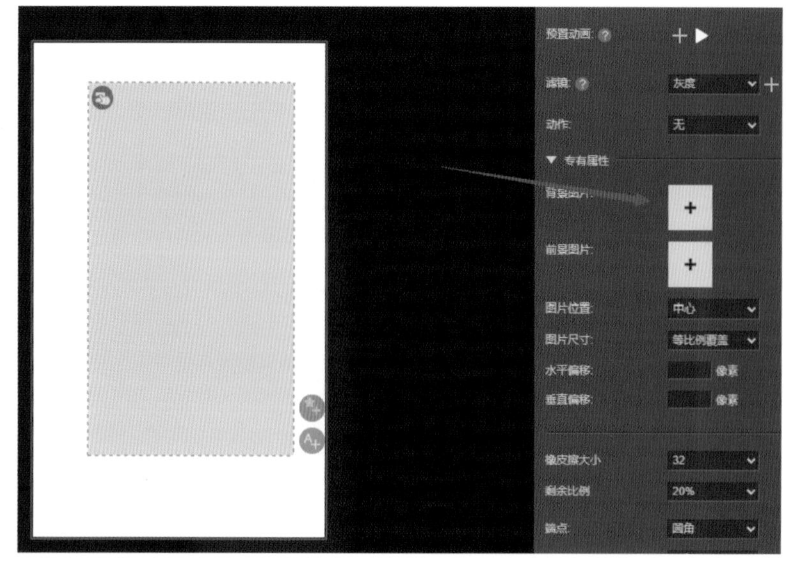

图 3-45　擦玻璃专有属性

在弹出的“媒体库”对话框中选择一张图片素材，点击“添加”（图 3-46）。

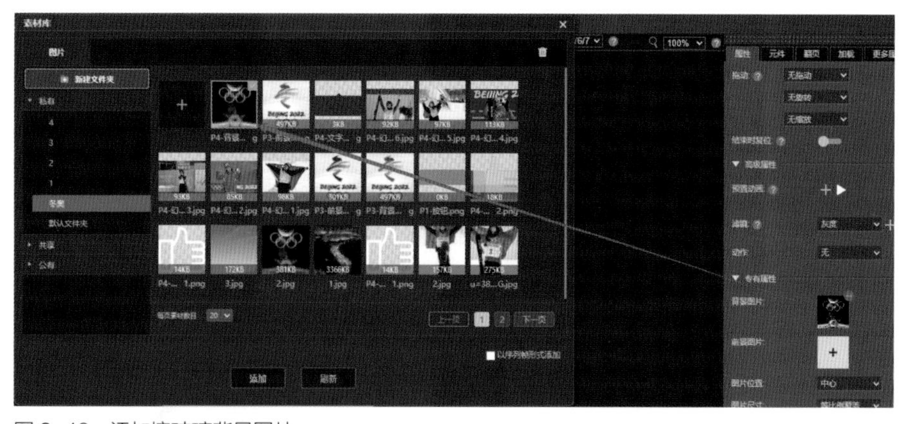

图 3-46　添加擦玻璃背景图片

同理，添加好前景图片（图 3-47）。

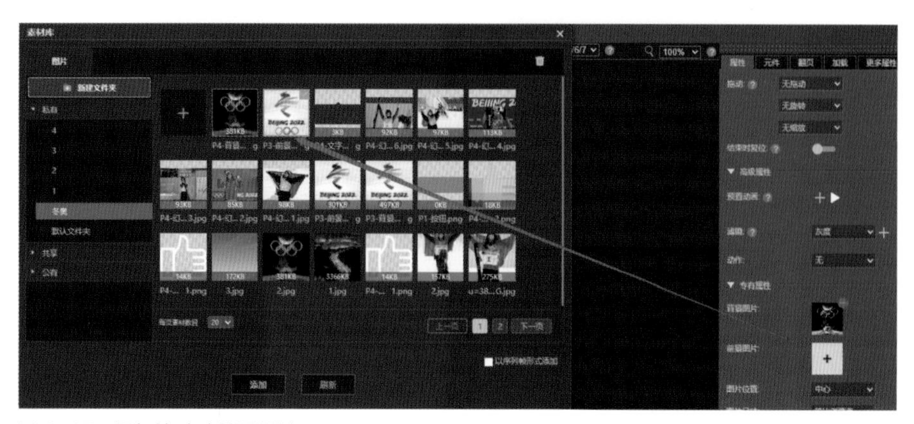

图 3-47　添加擦玻璃前景图片

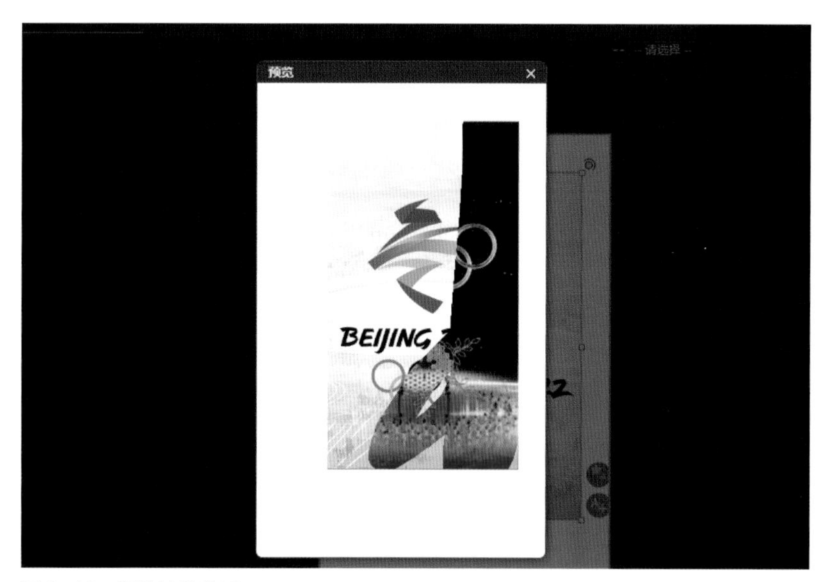

图 3-48　预览擦除效果

点击“预览”，发现擦除了前景图片后，背景图片即出现（图 3-48）。

图 3-49　橡皮擦大小设置

另外，还可以设置橡皮擦大小和剩余比例，即擦除图片的大小和擦出剩余多少显示背景图片（图 3-49）。

图 3-50　擦玻璃行为设置

擦玻璃控件特有的触发条件：点击“舞台”上擦玻璃控件的“添加 / 编辑行为”按钮（图 3-50）。

在弹出的“编辑行为”对话框下选择“下一页”，点击“触发条件”的下拉菜单，选择触发条件为：“擦玻璃完成”（图3-51）。

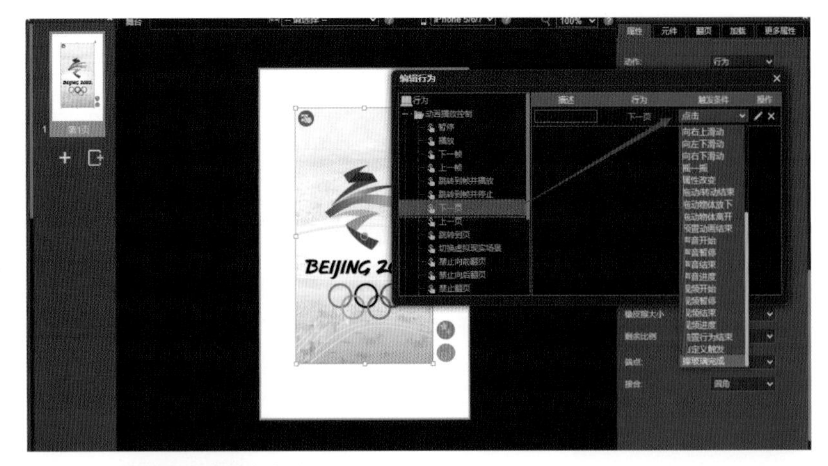

图 3-51　擦玻璃完成触发条件设置

点击添加新页面（图 3-52），点击预览观察效果，发现玻璃擦完后，自动跳转至下一页。

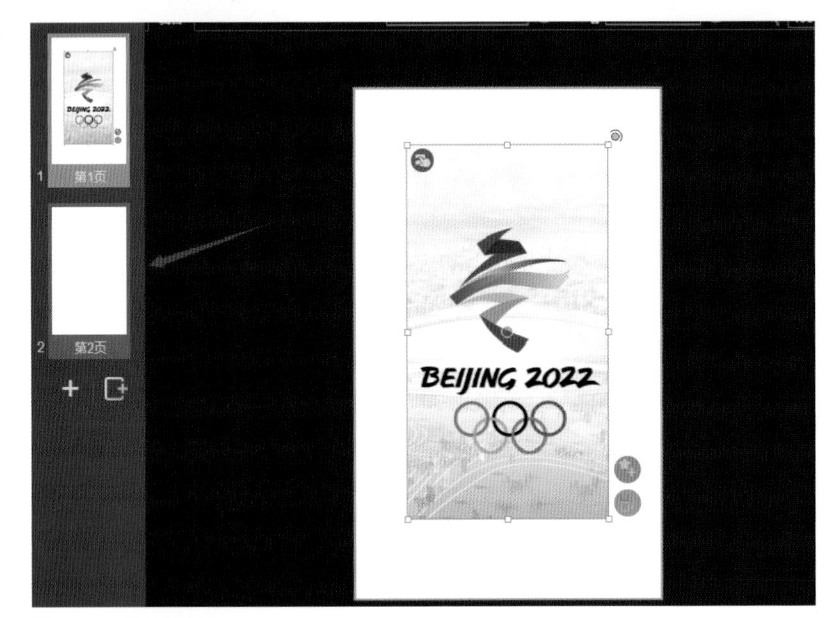

图 3-52　添加新页面

恢复擦玻璃初始状态：还可以通过选中元素，点击“添加 / 编辑行为”按钮—“属性控制”来设置恢复擦玻璃初始状态（图 3-53）。

图 3-53　恢复擦玻璃初始状态设置

图 3-54　点赞控件的使用

（2）点赞效果制作

点赞功能为系统默认累加，每个用户只能允许点赞一次。在“控件”栏下找到“点赞”按钮，点击选中，在“舞台”上拖拉出一个点赞控件（图 3-54）。

图 3-55　预览点赞效果

点击预览，发现点一次，点赞上方数由 0 变成 1，再次点击“取消点赞”，“1 变成 0”（图 3-55）。

图 3-56　点赞控件专有属性

选中“点赞”控件，在其“属性”面板下可修改各种属性，如调整其文字颜色、位置、大小等（图 3-56）。

在每个人物下面添加一个“点赞”，即可设置成投票的形式（图 3–57）。

图 3–57　分别添加点赞控件

注：点赞的文字默认是白色，所以如果背景色是白色，那么点赞文字会看不见，可以通过右侧属性栏“文字颜色”来调整颜色，方便查看（图 3–58）。

图 3–58　修改点赞文字颜色

（3）绘画板效果制

如果想在作品中使用手绘图的功能，可以使用 Mugeda 的“绘画板”控件。

首先找到工具面板中的“绘画板”控件，然后在舞台上通过拖拽添加一个画布控件（就像添加矩形一样）（图 3–59）。

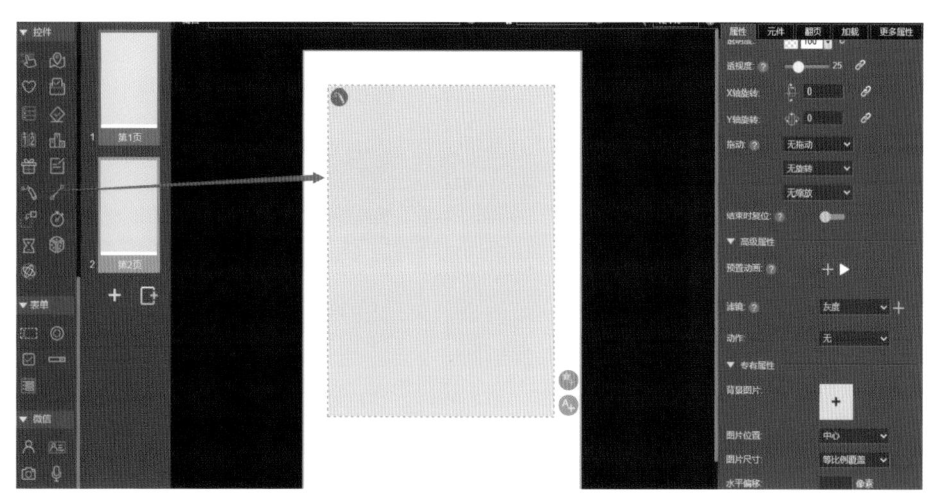

图 3-59　添加绘画板

在右侧的属性栏里可以通过“填充”和“背景图片”设置画布背景（图 3-60）。

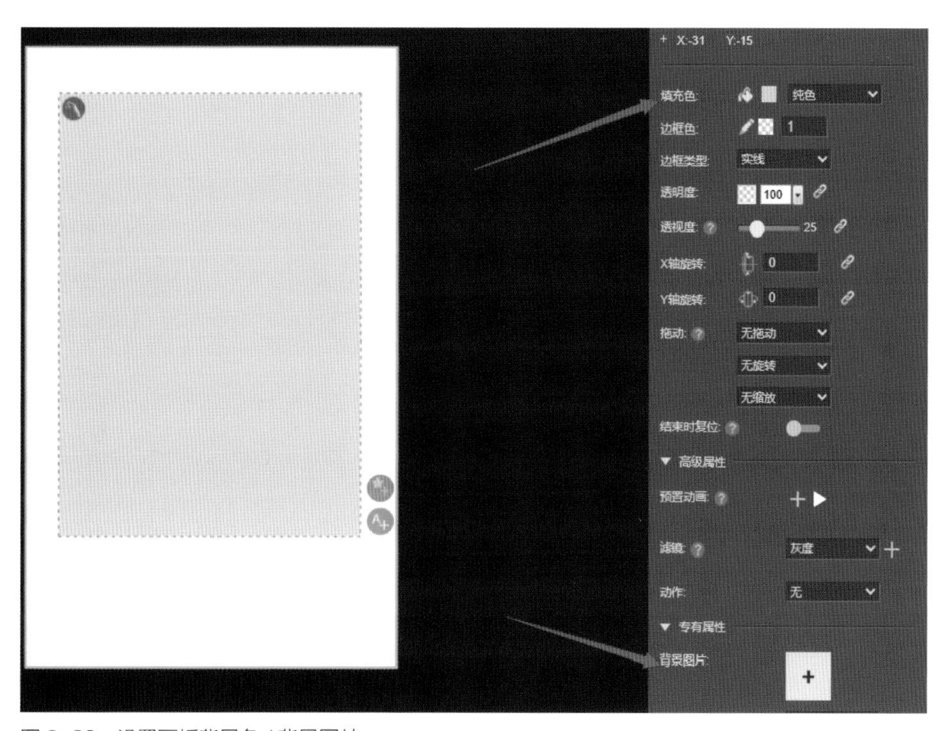

图 3-60　设置画板背景色 / 背景图片

在右侧的属性栏，可以设置“画笔颜色”和“显示编辑器”，“显示编辑器”（图 3-61）里可设置选项分别是“仅显示清空和保存”（图 3-62）、“仅显示线宽和颜色”、“显示全部”（图 3-63）、“不显示”（图 3-64）。

如果想自定义按钮，可以在舞台里添加按钮内容，然后给按钮添加“触发条件”和“控制行为”，控制画布内容的保存和清除（图 3-65）。

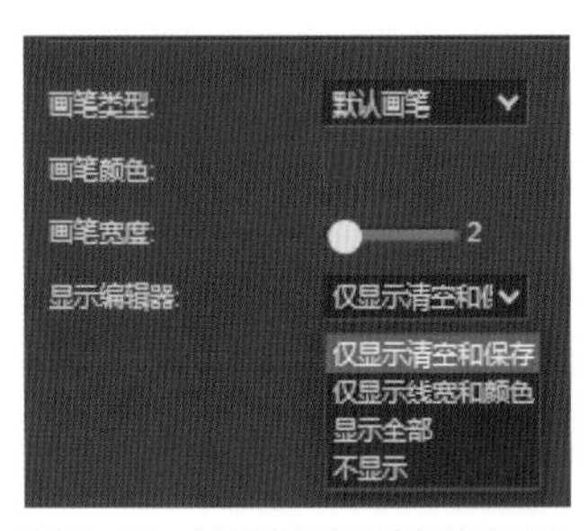

图 3-61　绘画板显示编辑器设置

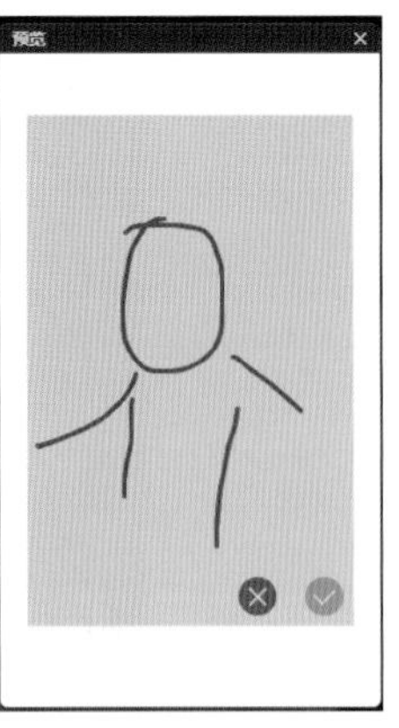

图 3-62　仅显示清空和保存的预览效果

图 3-63　显示全部的预览效果

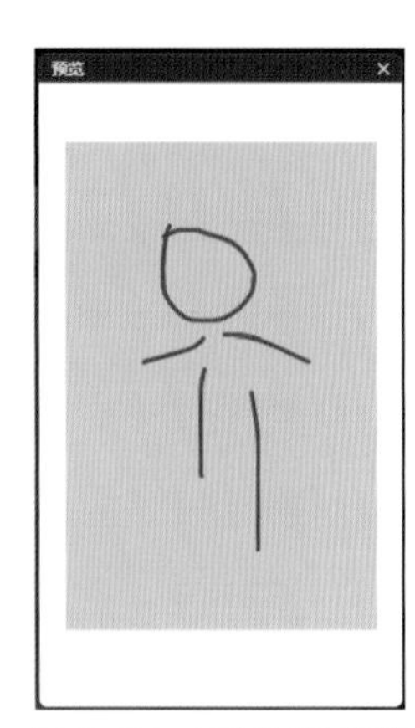

图 3-64　不显示的预览效果

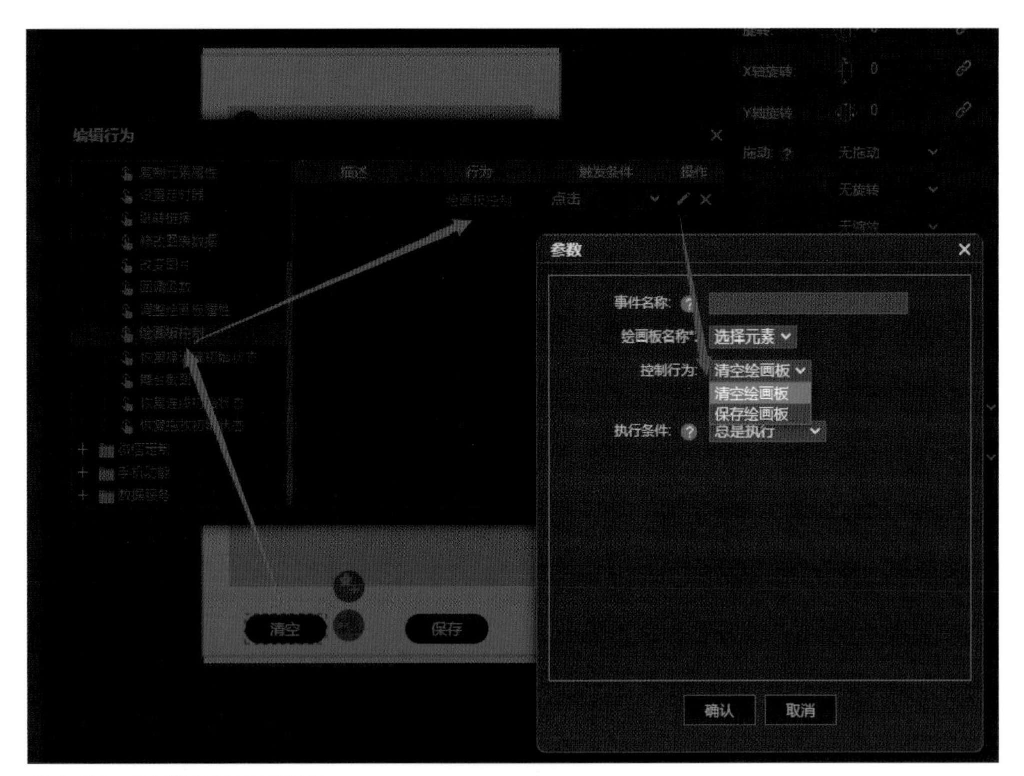

图 3-65　自定义按钮控制绘画板

（4）幻灯片效果制作

幻灯片是在指定的区域内添加多张图片，通过滑动的方式进行切换（图 3-66），在“媒体”工具栏下，鼠标点击“幻灯片”按钮，在“舞台”上以拖拉的方式插入一个幻灯片。

添加幻灯片图片：选中“舞台”上的幻灯片元素，在其右侧的“属性面板”中找到“图片列表”，点击右侧“+”标志（图 3-67）。

在弹出的“媒体库”中选择添加图片（图 3-68），这里注意所有图片尽量是同一尺寸，且与幻灯片的宽高等比例。

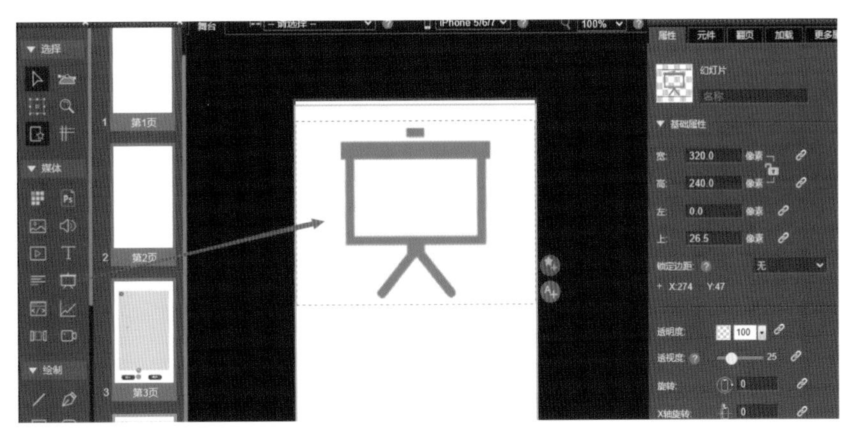

图 3-66　添加幻灯片控件

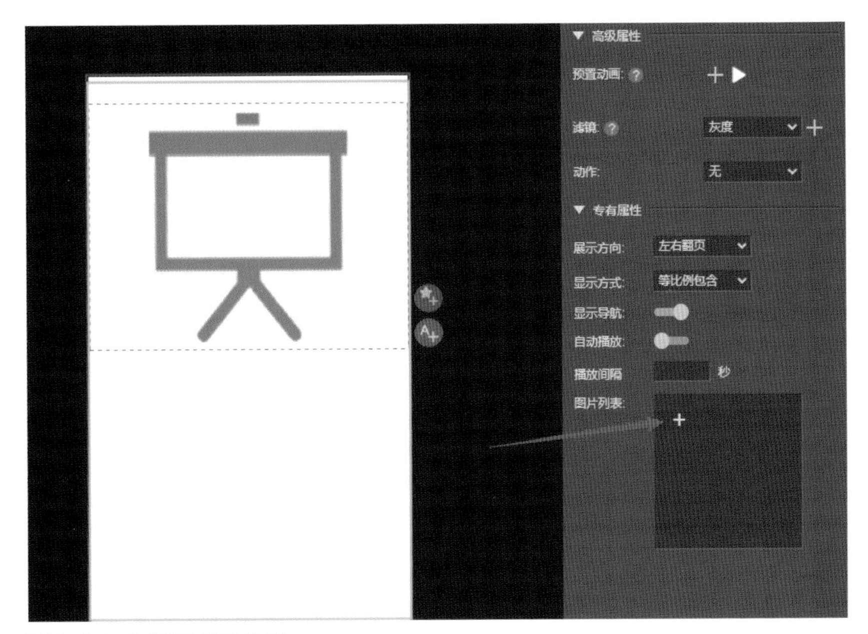

图 3-67　为幻灯片添加图片

图 3-68　从素材库中选择图片

将图片一次性添加进幻灯片中（图 3-69）。

图 3-69　幻灯片图片添加完毕

可点击“预览”观察效果（图 3-70）。

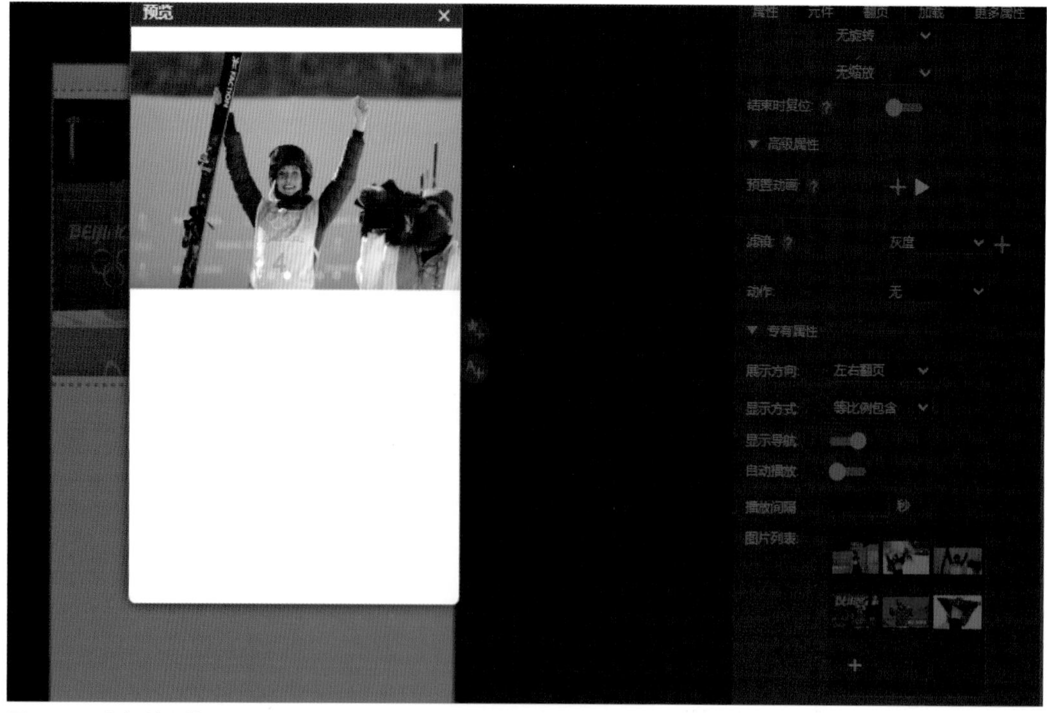

图 3-70　幻灯片预览

幻灯片的其他属性：选中幻灯片元素，在右侧“属性面板”内可调节幻灯片其他属性（图 3-71），如命名、宽高、透明度等。

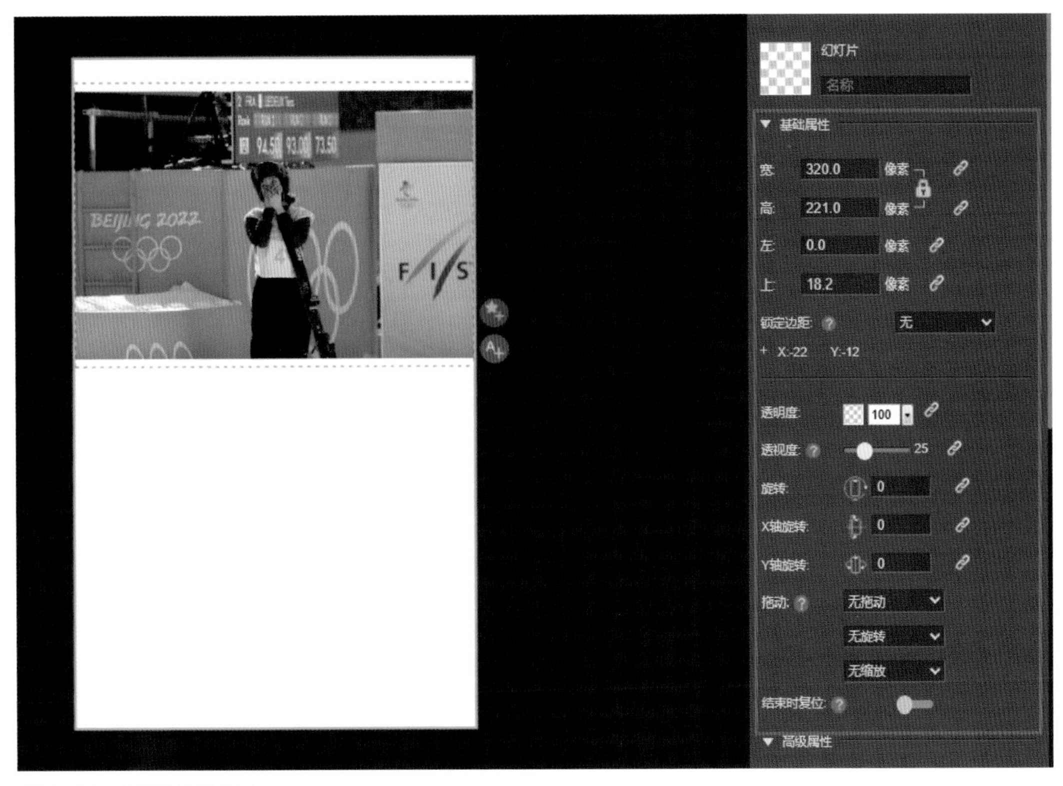

图 3-71　幻灯片基础属性

【任务实训】控件工具应用

任务书

项目名称	2022 北京冬奥会 H5 设计
项目背景	根据融媒体内容制作 1+X 中级考核案例要求，完成一个“冬季奥运”主题 H5 作品
页面设计要求	素材使用：根据任务要求，合理使用图片、文本、音乐、视频等相关文件 版式设计：基于用户习惯，进行版式编排，注意页面的完整度和美观度，对信息内容进行梳理分析，注意作品调性、风格、视觉的统一。选择同一背景或采用成套系的色彩和元素，注意信息层级处理，把握形式节奏变化
动画交互要求	动画效果：根据创意完成单页面或多页面动画效果，把握动画的逻辑性、合理性和流畅性 音乐效果：背景音乐和按钮音效的合理配置 适配效果：应用场景的适配度 交互效果：翻页或滑动页面效果设置，点击等多种交互设置
成果要求	1 天内完成，作品素材包和作品发布二维码、网址链接

2022北京冬奥会教学视频

3.1.4　数据收集

（1）输入文字（输入框）

在工具条下找到“表单”工具，其内容包括输入框、单选框、多选框、列表框等（图 3-72）。

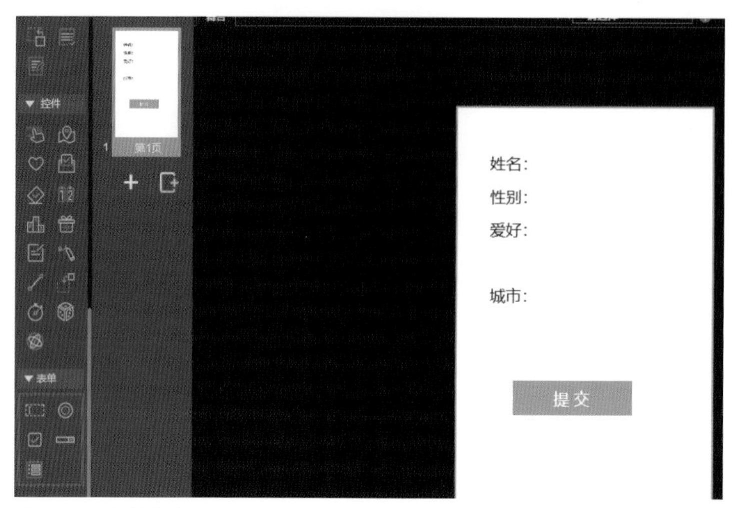

图 3-72　表单控件

在工具条下找到“输入框”按钮，点击在“舞台”上“姓名”右边位置添加一个输入框（图 3-73）。

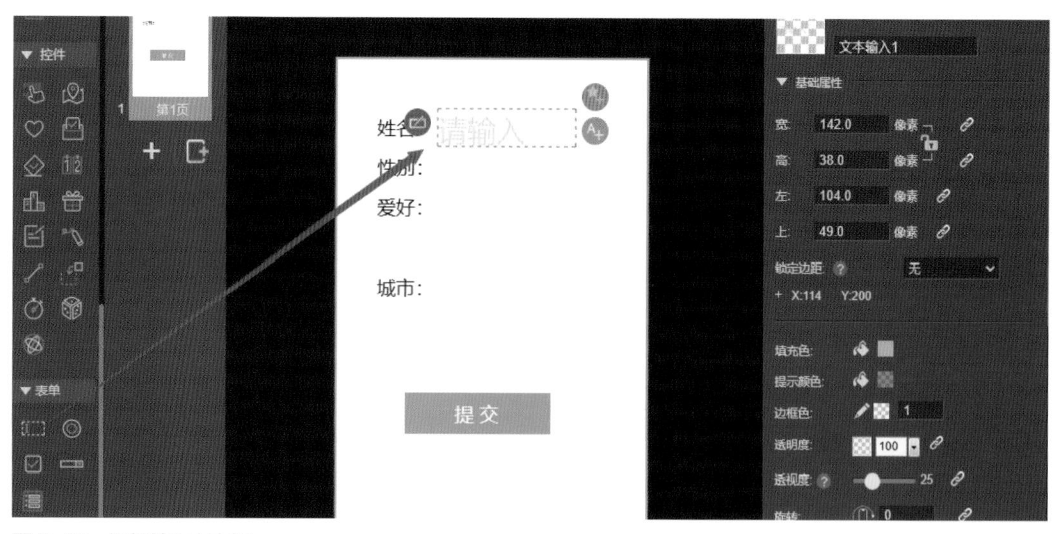

图 3-73　添加输入文本框

在输入框“属性”面板下调整相关属性，例如，改变其字体为“黑体”，大小为“20”，“提示文字”默认为“请输入”，“类型”默认为“普通文本”，“必填项”为“是”。并用“变形”工具调整输入框在“舞台”上的大小与位置（图 3-74）。

图 3-74　设置输入文本参数

（2）单选框

在工具条下找到“单选框”按钮，点击在“舞台”上“性别”右边位置添加一个单选框（图 3-75）。

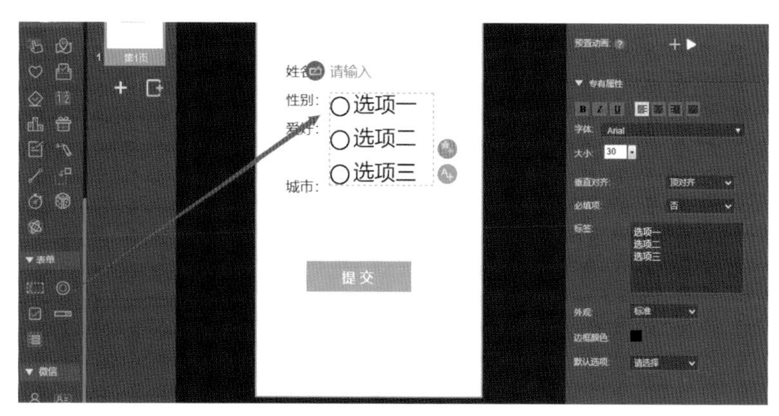

图 3-75　添加单选框

在单选框“属性”面板下调节相关属性设置，例如，调节字体为“黑色”，字体大小为“20”，“必填项”为“是”，设置选题“标签”为“男”“女”两个（每行为一个标签）。选择“变形”工具，调节“舞台”上单选框的位置、大小等（图 3-76）。

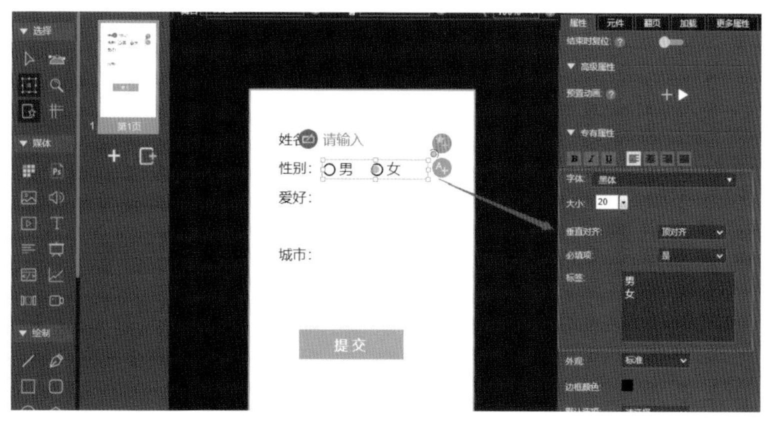

图 3-76　修改单选框参数

另外，在“属性”面板内，如果将“外观”选为“定制”（图 3–77），还可自定义选择上传“未选中图片”以及“选中图片”的素材，此处不作详述。

图 3–77　定制外观

（3）多选框

在工具条下找到“多选框”按钮，点击在“舞台”上“爱好”右边位置添加一个多选框（图 3–78）。

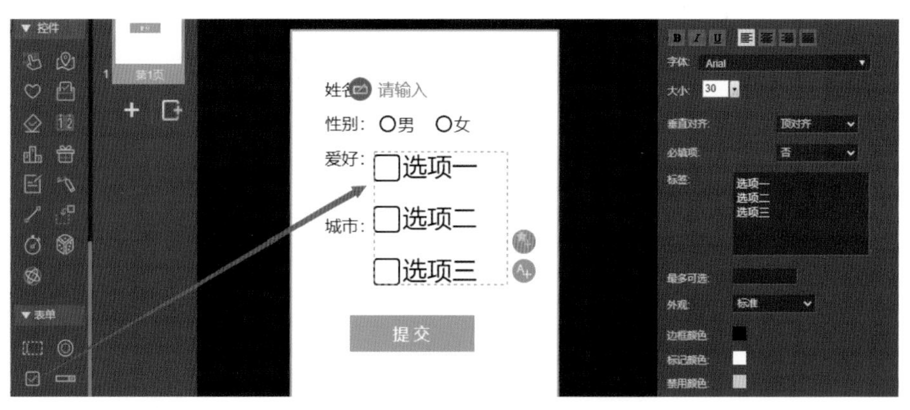

图 3–78　添加多选框

在多选框“属性”面板下调节相关属性设置，例如，调节字体为“黑色”，字体大小为“20”，“必填项”为“是”，设置选题“标签”为“足球”“篮球”“乒乓球”三个（每行为一个标签），“外观”选择为“标准”，并调节“边框颜色”和“标记颜色”，选择“变形”工具，调节“舞台”上多选框的位置、大小等（图 3–79）。

（4）下拉菜单（列表框）

在工具条下找到“列表框”按钮，点击在“舞台”上“城市”右边位置添加一个列表框（图 3–80）。

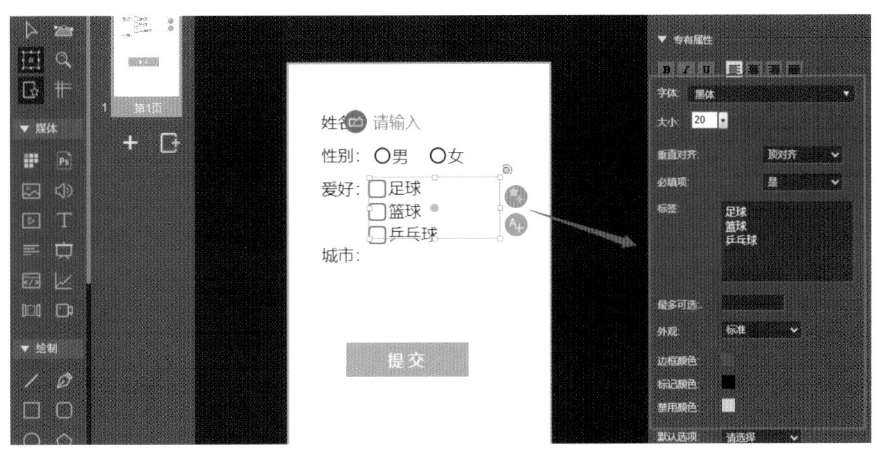

图 3-79　设置多选框参数

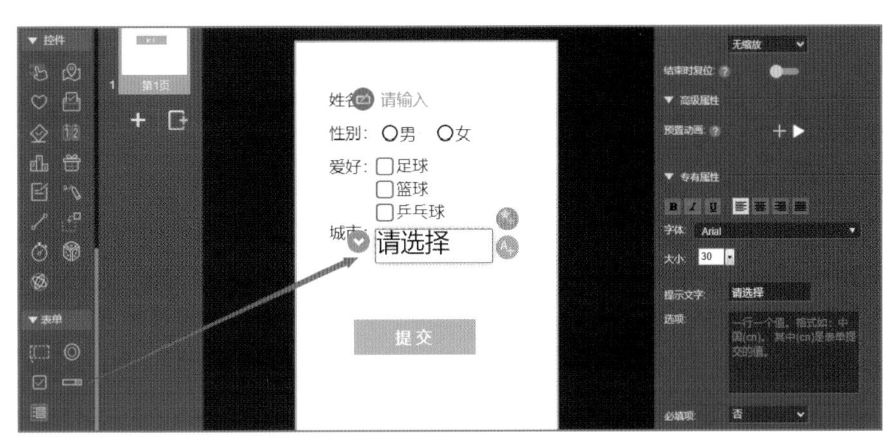

图 3-80　添加列表框

在列表框“属性”面板下调节相关属性设置，例如，调节字体为“黑色”，字体大小为“20”，输入“选项”内容为“北京（BJ）”“天津（TJ）”，“必填项”选择“是”（图 3-81）。注意：设置“选项”内容时，观察选项内容输入框内的提示语一行一个值。

点击“预览”，观察效果（图 3-82）。

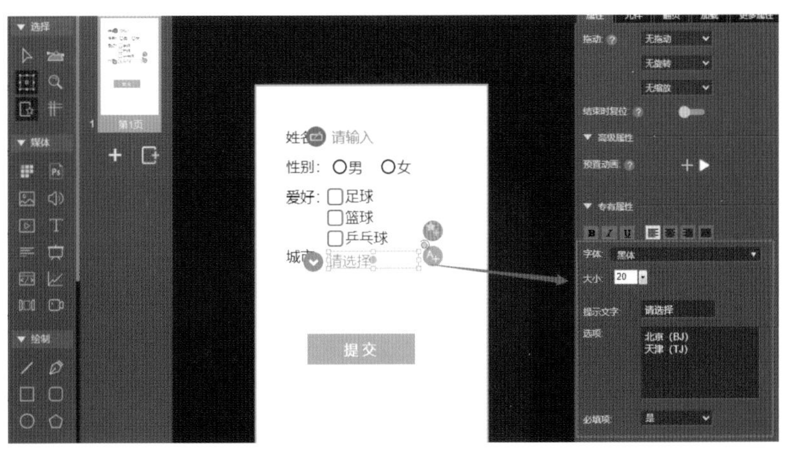

图 3-81　设置列表框参数

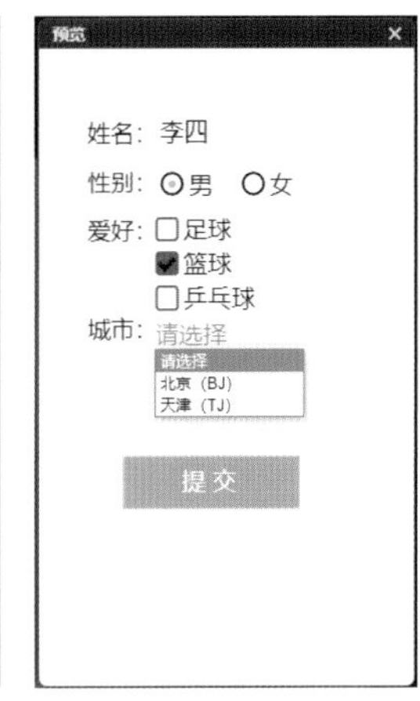

图 3-82　表单预览效果

（5）表单提交

提交表单之前，要给所需提交的元素命名。在输入框“属性”面板下为其命名为“姓名”；同理，分别将选中单选框、多选框以及列表框命名为“性别”“爱好”“城市”（图 3-38）。

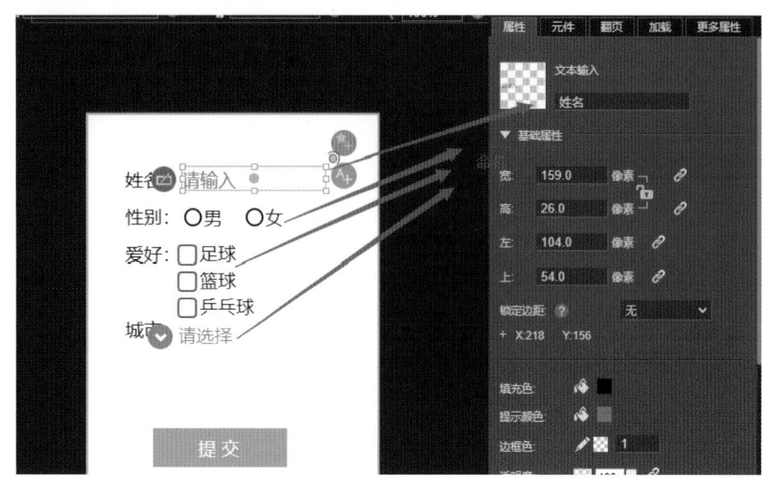

图 3-83　给表单分别命名

点击“舞台”上的“提交”按钮右边的“添加 / 编辑行为”按钮；在弹出的“编辑行为”对话框内选择“属性控制”—“提交表单”—触发条件“点击”，点击“编辑”按钮；在“参数”对话框中选择“提交目标”为“默认数据服务”，勾选需提交的对象（图 3-84）。

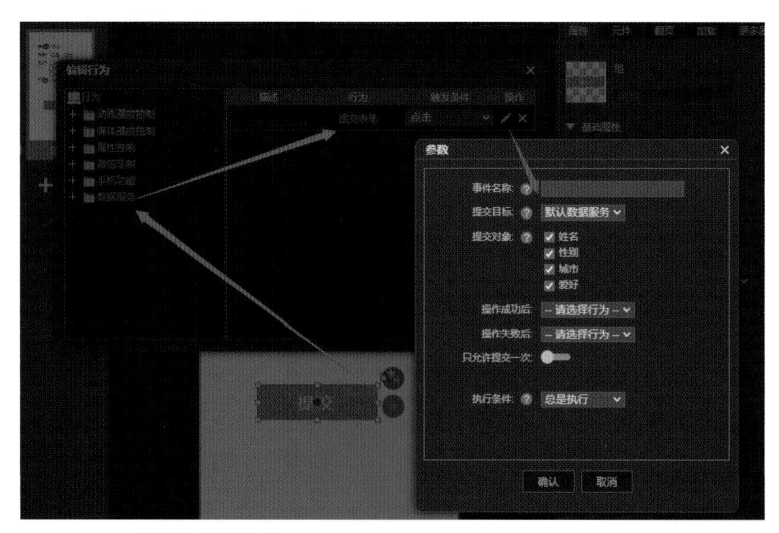

图 3-84　设置提交表单参数

回到操作界面，添加第 2 页和第 3 页页面，在第 2 页面添加文字素材“提交成功！”，在第 3 页面添加文字素材“提交失败！”（图 3-85）。

回到第 1 页，选中“提交”按钮，进一步编辑参数，并选择“操作成功后”和“操作失败后”都为“跳转到页”，点击“操作成功后”右边的“编辑”按钮；在新弹出的“参数”对话框中设置页名称为“第 2 页”，点击“确认”（图 3-86）。

图 3-85　添加反馈页面

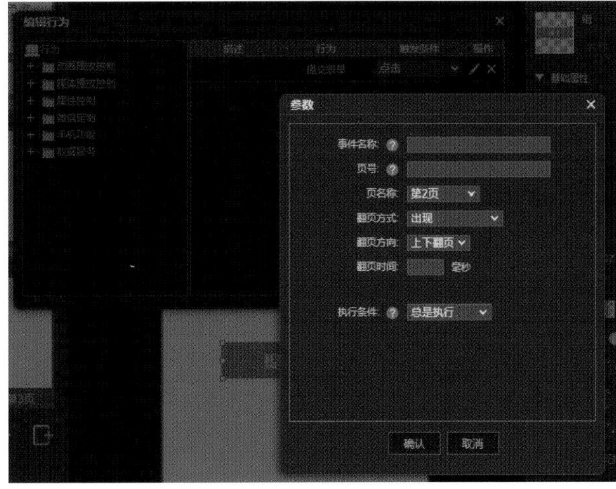

图 3-86　点击确认

设置操作成功后跳转到第 2 页。同理，点击“操作失败后”右边的“编辑”按钮，在新弹出的“参数”对话框中设置页名称为“第 3 页”，点击“确认”，保存作品，点击“预览”，表单提交成功预览效果（图 3-87）。

回到 Mugeda 账号主页，点击我的作品，找到新保存的该作品；点击作品下边的三个竖条符号，查看统计数据（图 3-88），进入数据统计页面，点击“用户数据”，进入用户数据页面，可观察到之前提交的信息。这就是提交表单和数据查询方法（图 3-89）。

图 3-87　表单提交成功预览效果　图 3-88　查看统计数据

表单

统计数据　用户数据　内容分析

所有数据　表单　全选　导出数据

序号	ip	用户访问作品时在浏览器生成的记录当前浏览器的id（msuid）	姓名	城市	性别	爱好	时间	操作
1	27.15.153.202	kzdgd7s3oqktdhhpemuvxhtua9v12ibrprcb4utw	李四	北京（BJ）	男	足球	2022-05-29 21:28:39	删除

点击加载更多

图 3-89　查看用户数据

点击“导出数据”，可导出一个 Excel 形式的数据统计表；点击删除，可以删除某条数据（图 3-90）。

图 3-90　导出或者删除数据

【任务实训】表单工具应用

任务书

项目名称	免费旅游报名表 H5 设计
项目背景	根据融媒体内容制作 1+X 中级考核样题要求，完成一个“免费旅游报名”H5 作品
页面设计要求	素材使用：根据任务要求，合理使用图片、文本、音乐、视频等相关文件 版式设计：基于用户习惯，进行版式编排，注意页面的完整度和美观度，对信息内容进行梳理分析，注意作品调性、风格、视觉的统一。选择同一背景或采用成套系的色彩和元素，注意信息层级处理，把握形式节奏变化
动画交互要求	动画效果：根据创意完成单页面或多页面动画效果，把握动画的逻辑性、合理性和流畅性 音乐效果：背景音乐和按钮音效的合理配置 适配效果：应用场景的适配度 交互效果：翻页或滑动页面效果设置、点击等多种交互设置
成果要求	1 天内完成，作品素材包和作品发布二维码、网址链接

免费旅游报名表教学视频

任务 2　H5 复杂交互效果制作

3.2.1　虚拟现实页面制作

虚拟现实场景组件，可以用来显示 360 度全景图片，并添加热点进行交互。

（1）添加虚拟现实媒体

虚拟现实场景组件通过工具栏“媒体”下面的“虚拟现实”图标（图 3-91）添加。

在画布上拖动鼠标画出组件的位置。松开鼠标后，即可进入编辑场景图片的界面（图 3-92）。

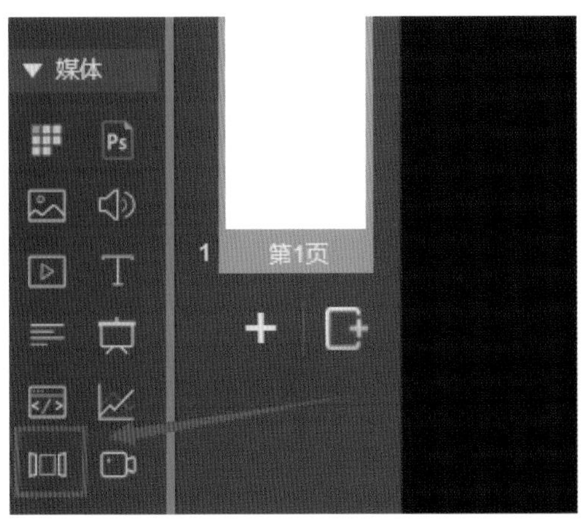

图 3-91　虚拟现实图标

图 3-92　添加全景图片

插入场景图片时，注意图片格式（图 3-93）规定。

选择图片后，会出现更多的编辑选项（图 3-94）。

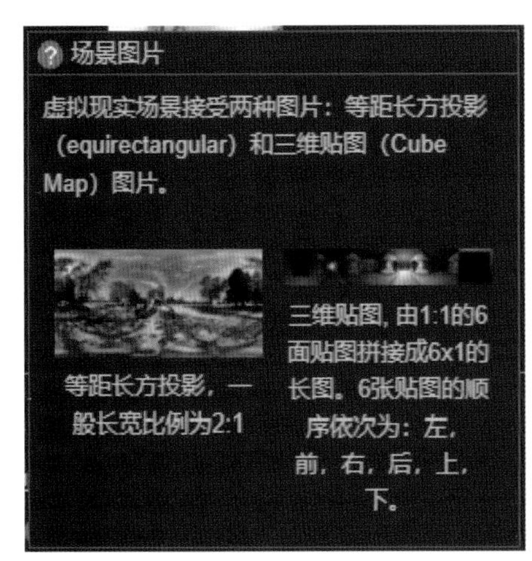

图 3-93　全景图片要求

图 3-94　参数说明

场景预览区：这里可以看到载入的图片渲染的场景效果，可以用鼠标拖动进行全景浏览。

场景列表区：显示所有添加的场景，可以对场景添加、删除、编辑、排序。

热点和场景编辑：用来切换热点和场景两种编辑模式。

全局配置：用来设置导航条以及导航条中出现的条目的选择。

很多编辑区域均配有即时帮助，点击 ? 可以查看帮助提示（图 3-95）。

（2）热点编辑

由于场景编辑（图 3-96）比较简单，此处主要介绍热点编辑。

点击“热点”标签可以切换到热点编辑模式。在热点编辑模式下，可以添加、删除、移动热点，并为热点指定图形、动画和行为。

点 击热点列表下的“+”图标（图 3-97），可以进入热点添加模式。

进入热点添加模式后，加号图标会变成橙色（图 3-98）提醒用户。

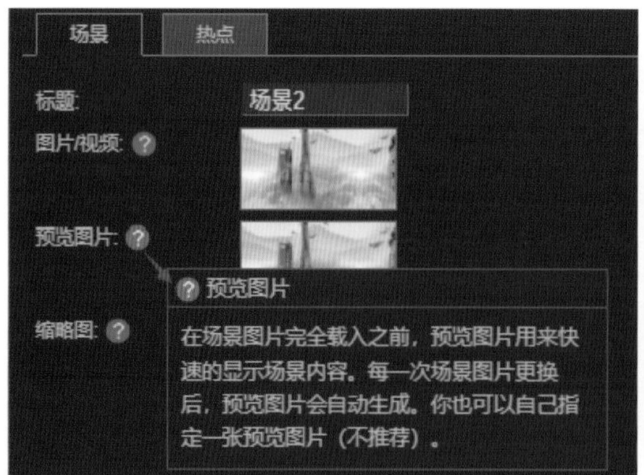

图 3-95　查看帮助提示

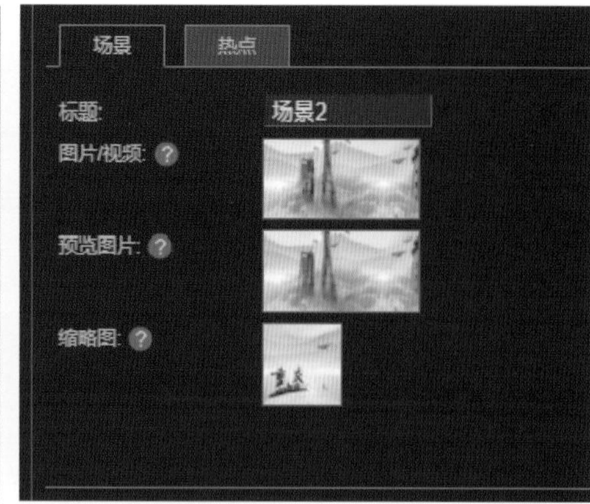

图 3-96　场景参数

图 3-97　添加热点

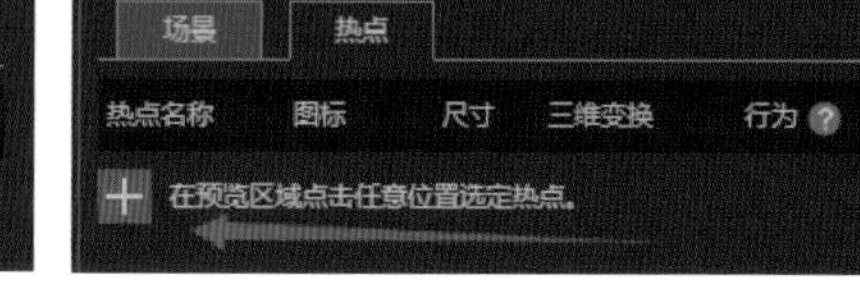

图 3-98　点击添加热点后

在热点添加模式下，在场景预览区域（图 3-99）点击即可添加新的热点。

点击热点列表中的任一热点（图 3-100），可以在列表和预览窗口中定位热点，便于识别。

图 3-99　在预览区域添加热点

图 3-100　定位热点

每个热点可编辑属性。

热点名称：用于区分和识别不同热点的名称。

图标：显示在场景中的图标。Mugeda 提供预置的图标（图 3-101）。另外，用户可以上传任意的图片作为热点图标，在“+”位置添加（图 3-102），并指定相应的尺寸即可（图 3-103）。

尺寸：图标的显示大小。

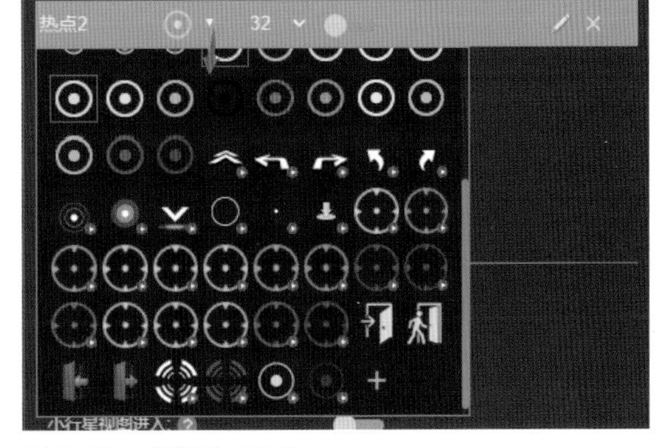

图 3-101　预置热点图标

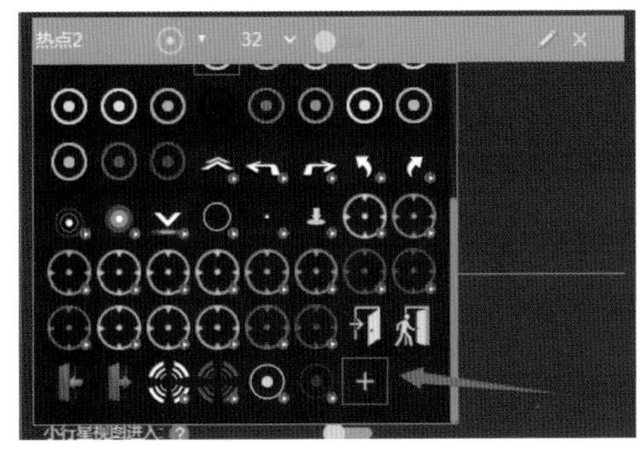

图 3-102　自定义添加热点图标

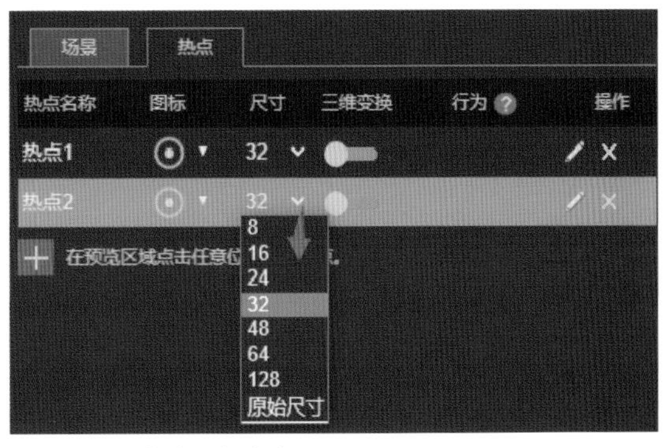

图 3-103　热点图标大小

行为：点击热点后激活的行为（图 3-104）。注意“切换虚拟现实场景”行为。这个行为允许用户在点击热点后进行场景和热点切换。切换时，需要指定场景名称和热点名称。其中，热点名称可选（图 3-105），如果不指定，切换场景后会切换到预览窗口所显示的区域。

操作：对行为进行编辑或者删除热点。

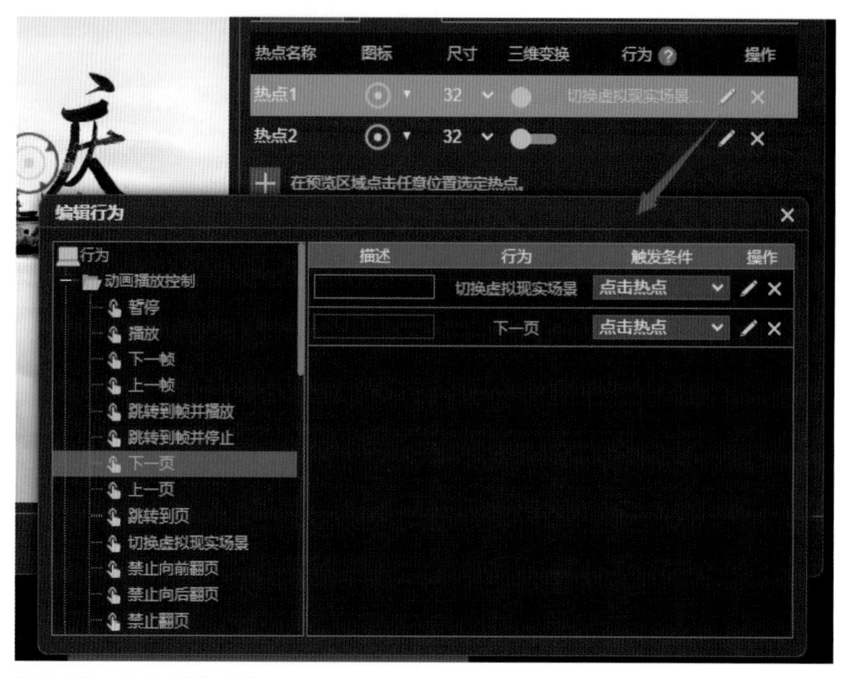

图 3-104　为热点添加行为

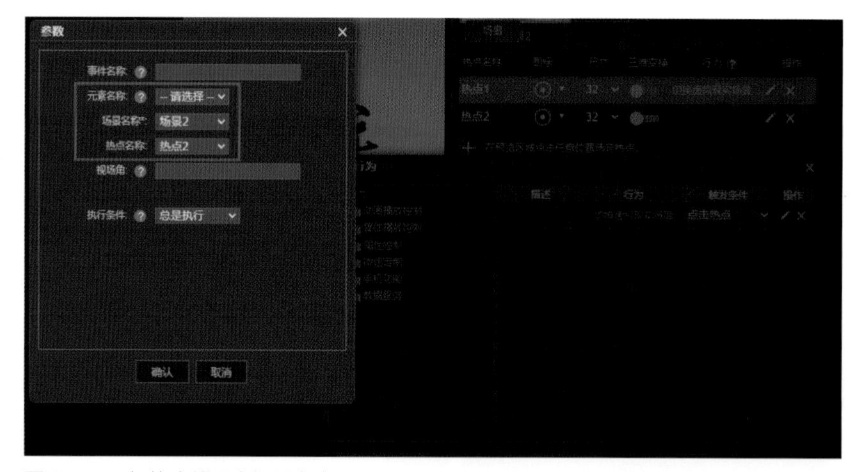

图 3-105　切换虚拟现实场景参赛

（3）场景属性

虚拟现实全局参数（图 3-106）。

图 3-106　虚拟现实全局参数

显示导航：在屏幕下方出现的导航条。当包含 2 个以上的场景时，建议选择。

允许陀螺仪控制：是否在导航条上显示陀螺仪控制的切换图标。

禁用手指缩放：虚拟现实页面浏览时是否允许手指缩放视图，建议默认不禁用，即允许缩放。

小行星视图进入：系统由小行星视图进入正常视图，根据需要开启。

（4）场景渲染

场景渲染时，可以用鼠标或者手指拖动切换视。如果选择了显示导航，还会出现一个导航条（图 3-107）提供进一步的选择包括：上一场景、显示缩略图、VR 效果、收起导航栏、下一场景。

图 3-107　虚拟现实导航条

（5）如何产生全景内容

一是用可以产生全景内容的 App，如 Google Street View、Sphere、百度全景等。

二是用全景相机进行实景拍摄，如影石 Insta360 ONE X2、Ricoh/ 理光 Theta SC2、小红屋 S8 全景相机等。

【任务实训】虚拟现实全景场景制作

任务书

项目名称	VR 看房 H5 设计
项目背景	以重庆金科博翠云邸小区的一个户型为例，制作一个虚拟现实全景效果图展示 H5 作品。该户型有 100.67m²，提供客餐厅、儿童房、主卧、次卧、公共卫生间、主卧卫生间 6 张全景渲染图，制作虚拟现实展示效果
页面设计要求	素材采集：根据任务要求，采集图片、文本、音乐、视频等相关文件。创意独到，设计新颖，具有一定的时代文化内涵和审美意趣 素材加工：使用 Photoshop 对图片进行修饰、调色、裁剪，对首页标题字进行字体设计，突出宣传目的 版式设计：基于用户习惯，进行版式编排，注意页面的完整度和美观度，对信息内容进行梳理分析，注意作品调性、风格、视觉的统一。选择同一背景或采用成套系的色彩和元素，注意信息层级处理，把握形式节奏变化
动画交互要求	动画效果：根据创意完成单页面或多页面动画效果，把握动画的逻辑性、合理性和流畅性 音乐效果：背景音乐和按钮音效的合理配置 适配效果：应用场景的适配度 交互效果：翻页或滑动页面效果设置，点击等多种交互设置
成果要求	1 天内完成，作品素材包和作品发布二维码、网址链接

VR看房
教学视频

3.2.2 测试题制作

（1）连线题制作

在“控件”工具箱中点击“连线”工具，在舞台中拖动鼠标指针绘制一条连线，默认透明度为0，调整透明度和边框颜色。在“属性”面板中的“专有属性”区域设置连线属性（图3-108）。

为元素分别命名，选择连线，设置“停靠位置”，点击“+”，添加所有可停靠元素，预览页面，拖动连线，实现连线效果（图3-109）。

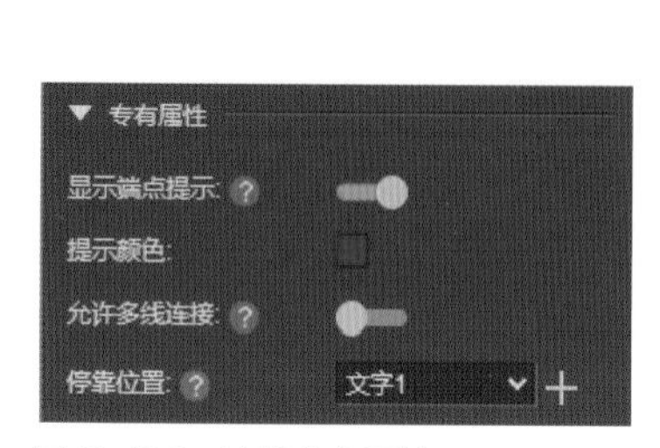

图3-108　连线专有属性

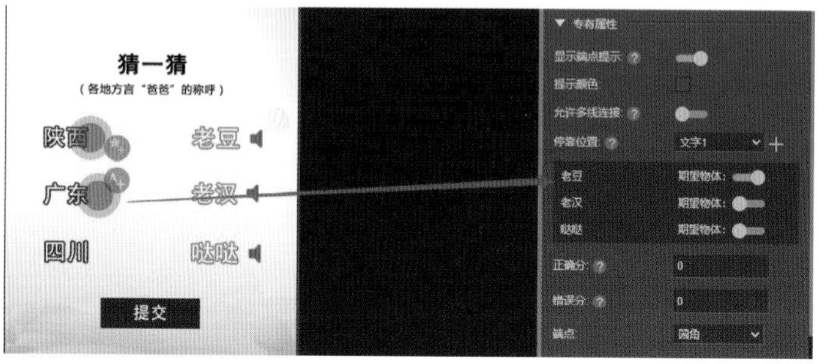

图3-109　设置连线停靠位置

与连线相关的行为触发条件有“连线成功”和“连线断开”，与连线相关的行为有“恢复连线初始状态”（图3-110、图3-111）。

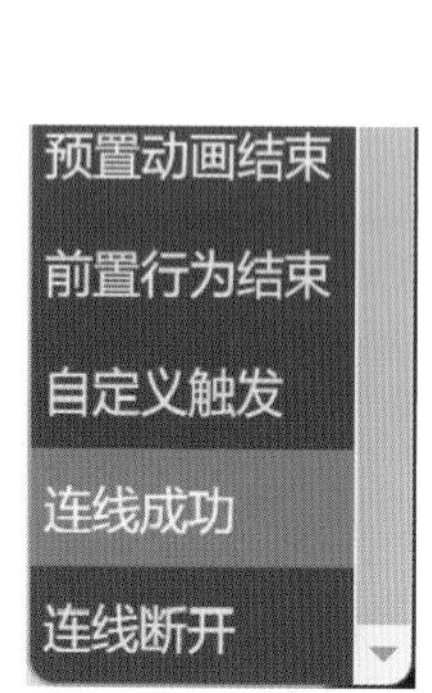

图3-110　连线成功

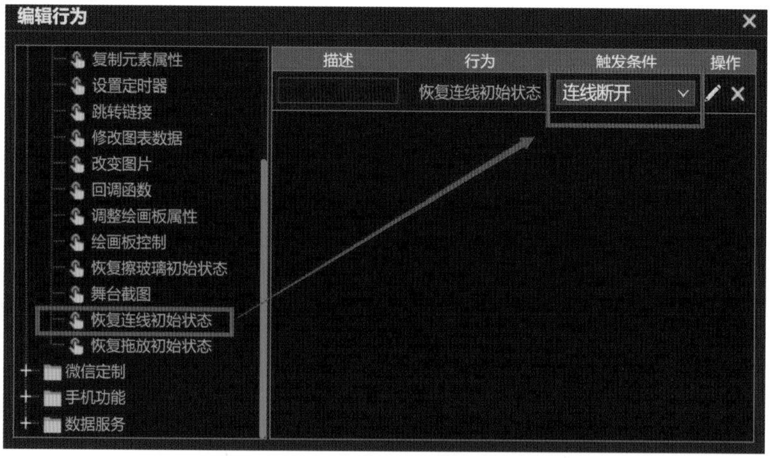

图3-111　连线断开

（2）拖拽题制作

在左边工具栏找到“拖放容器”，在舞台上拖放出一个拖动组件的范围，这个拖放组件在编辑时上是可以看到的，但是在作品实际的预览或者发布后是看不到的。可以在它下面叠图片或者动画。然后新建一个拖动的物体，命名为：拖动测试；设置拖动：左右拖动（图3-112）。

然后选择拖动容器，在允许物体这里将“拖动测试”添加到列表中（图3-113）。

提示颜色：当物体放在容器时有颜色提示区域。

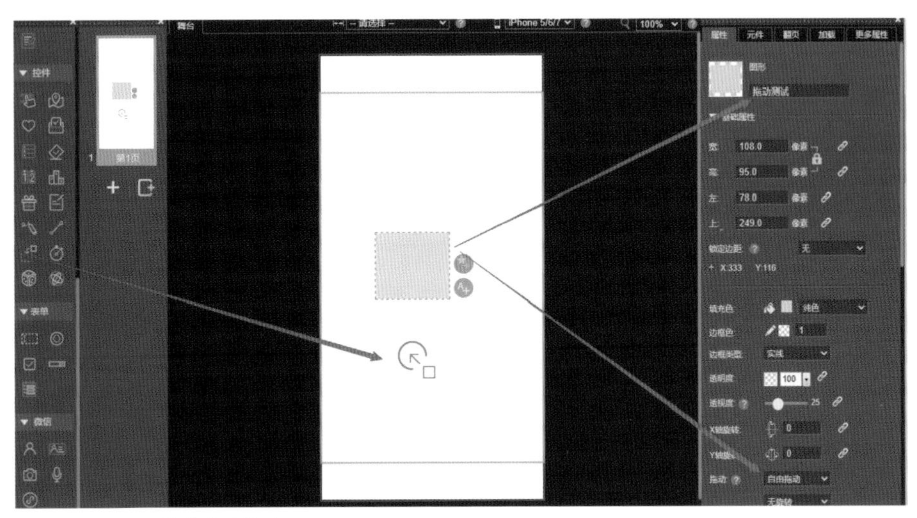

图 3-112　设置物体自由拖动

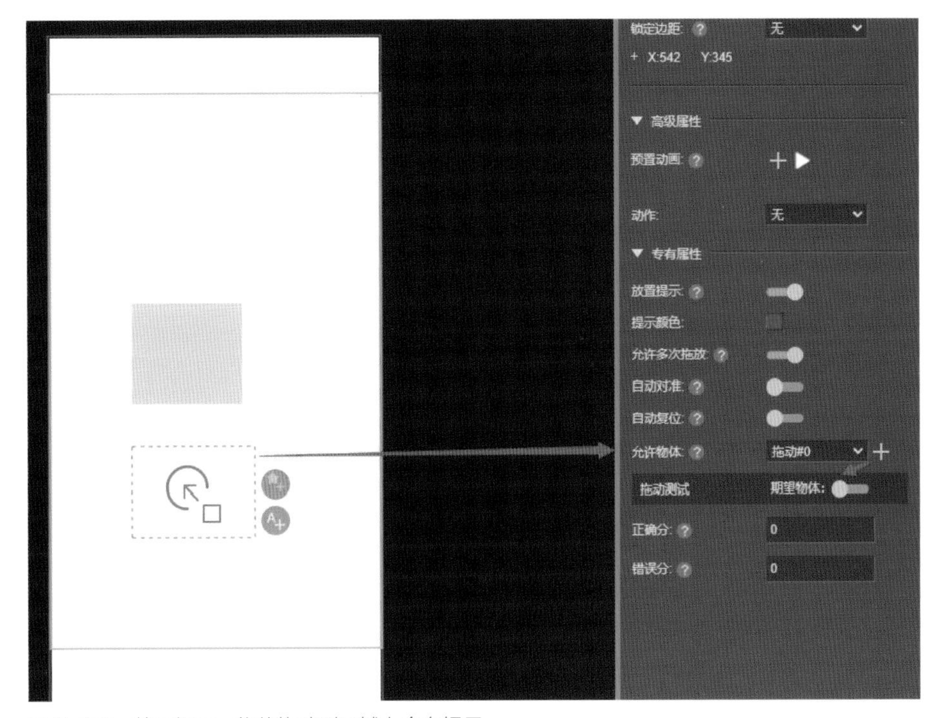

图 3-113　放置提示：物体拖动到区域上会有提示

允许多次拖放：多个物体可以同时拖动到这个区域上。

自动对准：自动对准到区域中间。

自动复位：如果没拖动到区域上，物体会自动在结束时复位。

同样，可以在拖动组件上设置行为来进行下一步判断。

首先，随便在拖动组件上加入一个行为，将触发条件设置为拖动物体放下（图 3-114）。

进入参数编辑面板，在元素名称这里多了一个（拖动结束的元素），选择这个之后，将会改变所有拖动到拖动组件上的物体的相关元素属性。在拖动物体名称处可以选择一个拖动物体，选择上之后，只有这个物体拖动到组件上时，才会执行这个命令。

如果不选，则默认所有物体拖动上来都执行这个命令（图 3-115）。

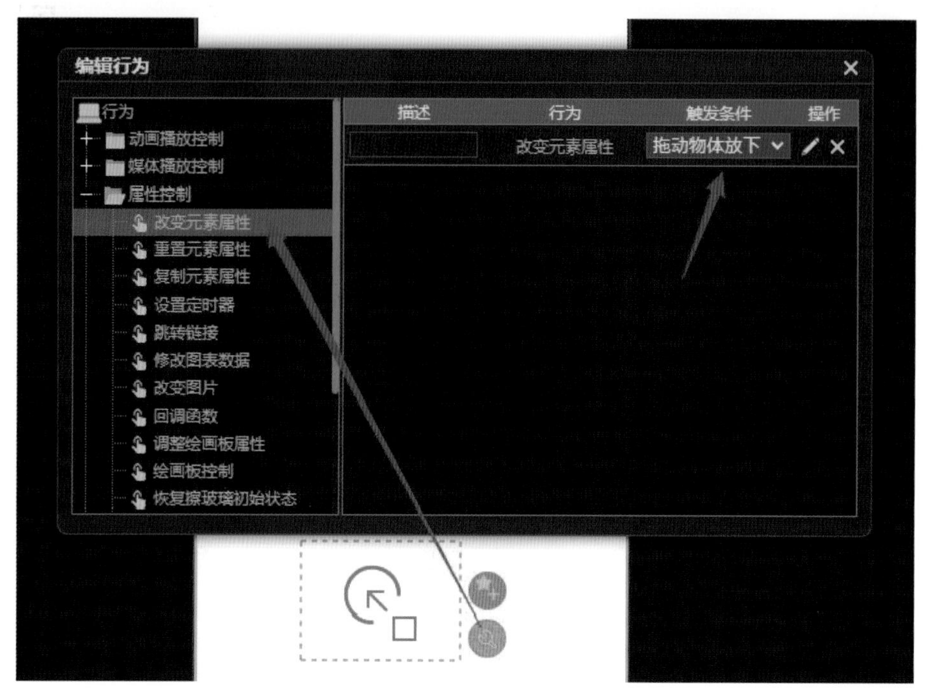

图 3-114　设置拖动物体放下行为

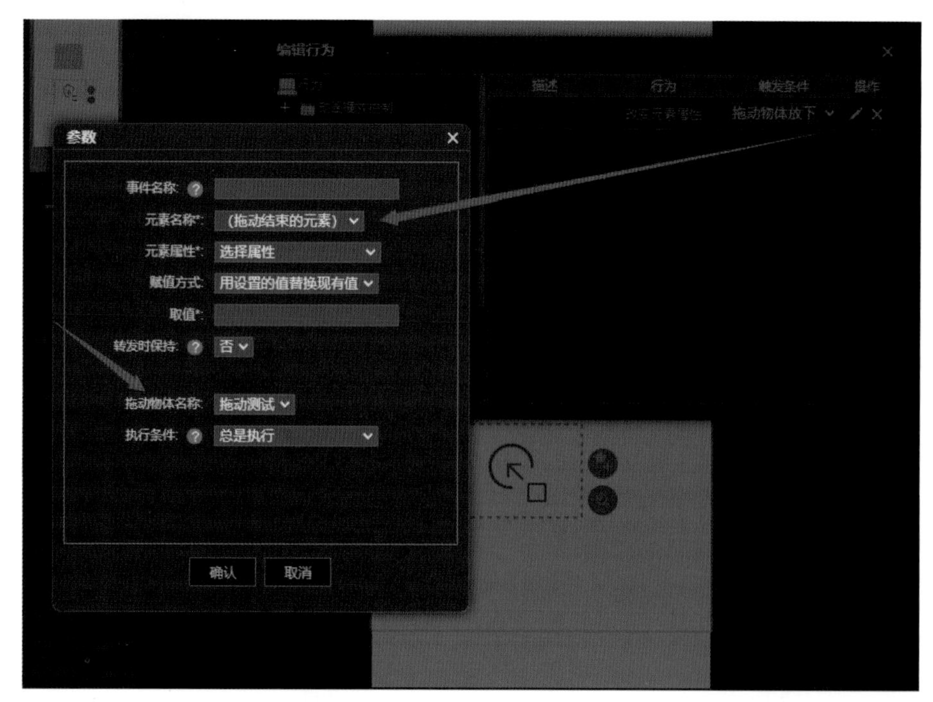

图 3-115　拖动物体放下行为参赛

【任务实训】连线工具应用

任务书

项目名称	方言考题 H5 设计
项目背景	用“爸爸”的方言，制作一个游戏互动效果。用户选择各地对应的方言连线，提交后判断选择结果是否正确
页面设计要求	素材采集：根据任务要求，采集图片、文本、音乐、视频等相关文件。创意独到，设计新颖，具有一定的时代文化内涵和审美意趣 素材加工：使用 Photoshop 对图片进行修饰、调色、裁剪，对首页标题字进行设计，突出宣传目的 版式设计：基于用户习惯，进行版式编排，注意页面的完整度和美观度，对信息内容进行梳理分析，注意作品调性、风格、视觉的统一。选择同一背景或采用成套系的色彩和元素，注意信息层级处理，把握形式节奏变化
动画交互要求	动画效果：根据创意完成单页面或多页面动画效果，把握动画的逻辑性、合理性和流畅性 音乐效果：背景音乐和按钮音效的合理配置 适配效果：应用场景的适配度 交互效果：翻页或滑动页面效果设置，点击等多种交互设置
成果要求	1 天内完成，作品素材包和作品发布二维码、网址链接

方言考题
教学视频

3.2.3　关联动画制作

关联是元素之间相互作用、相互影响的功能，可以控制元素的属性或者播放状态，包括属性关联、动画关联、舞台关联等。

属性关联是指用一个对象的属性控制另一个对象的属性。

动画关联是指用一个对象的属性控制元件动画的播放状态。

舞台关联是指用一个对象的属性控制舞台动画的播放状态。

这里，重点讲属性关联和元件动画关联。

（1）属性关联的设置

关联对象的属性中，与其他对象进行关联的属性有很多，可以实现“联动控制”的效果，在“属性”面板中，带有 图标的属性就可以实现属性关联（图 3-116）。

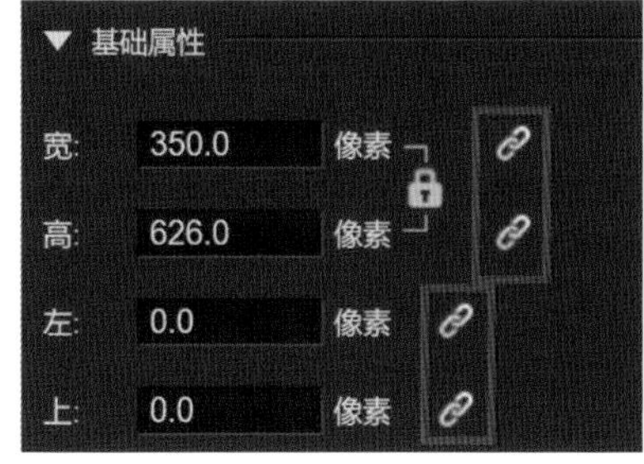

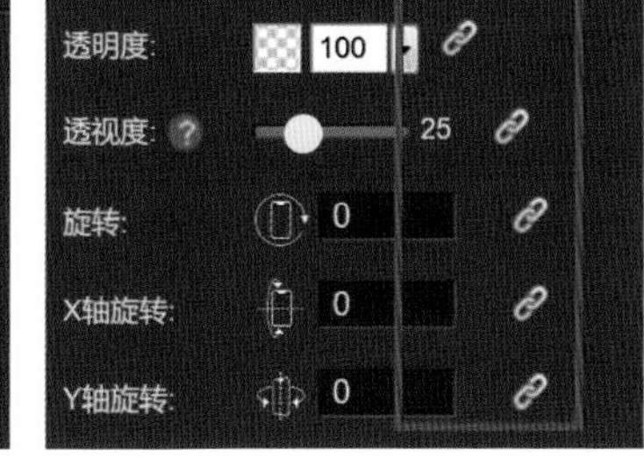

图 3-116　属性关联

关联的设置必须对两个对象进行设置：一个是被控对象；另一个是主控对象。在设置关联时，必须选中被控对象，而且要为主控对象命名，才能在关联对象面板里选中，选定被控对象“蓝色圆形”，在“属性面板”中单击“左”文本框后面的 图标，弹出属性关联面板，关联对象为“主控对象”，关联属性为“左”，关联方式为“自动关联”，单击下方“+”添加一条关键点关联（图 3-117）。

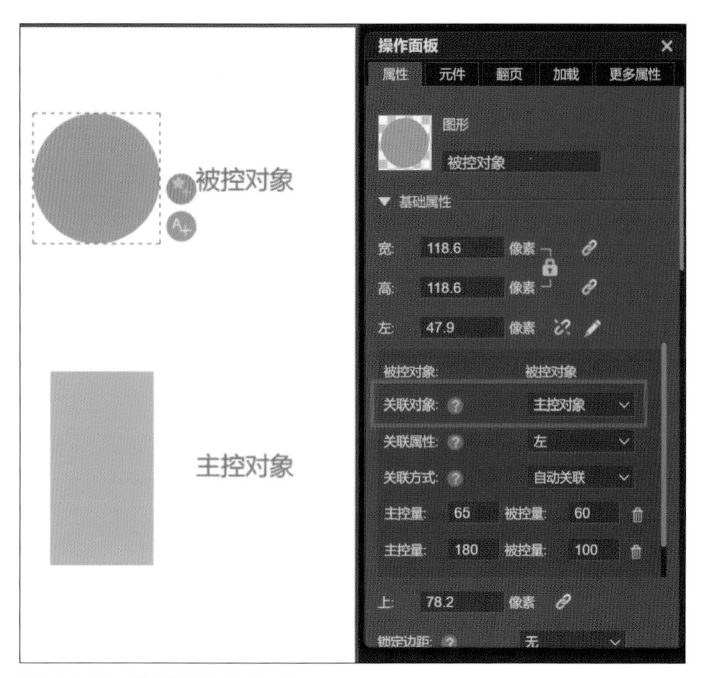

图 3-117　设置两个关联对象

选中主控对象“绿色方形”，设置属性“拖动 / 旋转”为“水平拖动”，预览页面，左右拖动绿色方块，蓝色圆形即可左右移动。

（2）动画关联的设置

动画关联与属性关联的根本区别在于动画关联的“被控对象”必须是一个元件动画，用“主控对象”的某个属性控制动画的进度。新建一个元件，绘制蓝色多边形，在第 30 帧处插入关键帧，并设置旋转角度为 360，完成一个自转的蓝色多边形元件动画（图 3-118）。

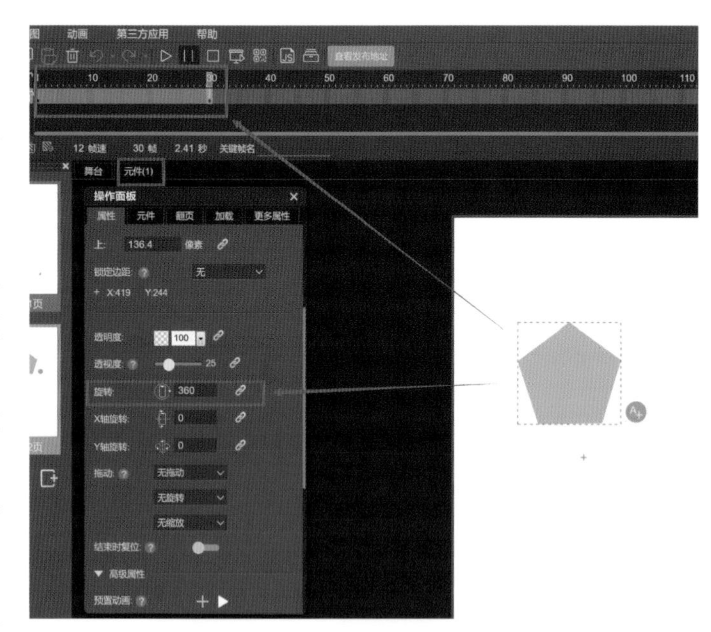

图 3-118　元件动画制作

将蓝色多边形元件拖入舞台，命名为“被控对象”，再绘制一个红色方块，命名为“主控对象”，选择“被控对象”，在“属性面板”中专有属性里“启用”动画关联，单击文本框后面的 图标，弹出属性关联面板，关联对象为“主控对象”，关联属性为“上”，开始值为“0”，结束值为“200”，播放模式为“切换”，这里的参数不是唯一的，可以自行根据需求进行设置（图 3-119）。

选中主控对象“红色方形”，设置属性“拖动 / 旋转”为“垂直拖动”，预览页面，上下拖动红色方块，当红色方块拖动到上坐标 0-200 时，蓝色多边形会开始自转，即成功关联动画。

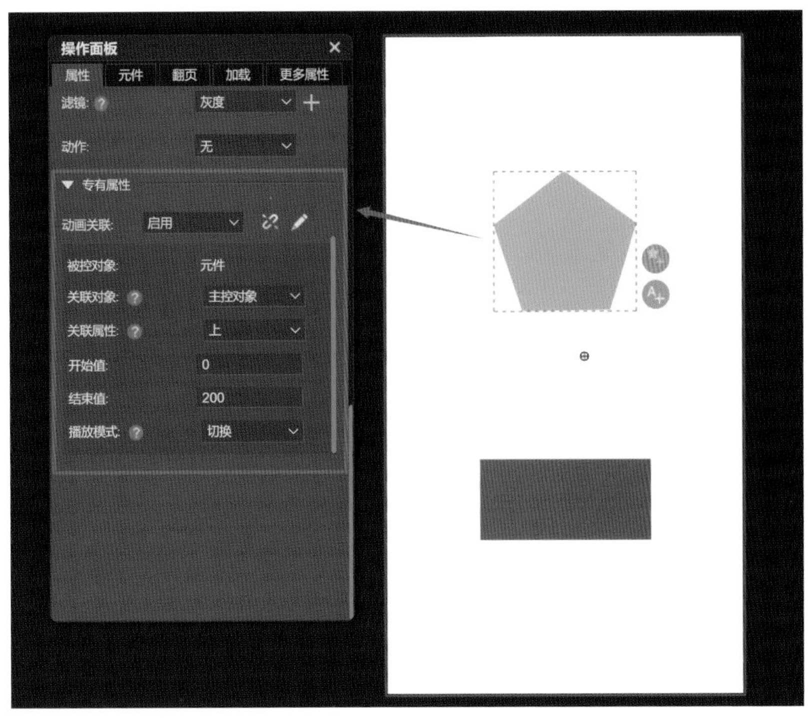

图 3-119　动画关联设置

【任务实训】游戏类交互动画制作

任务书

项目名称	漫游海底 H5 设计
项目背景	儿童读物《漫游海底》需配套数字化内容，以 H5 页面小游戏的方式，具有互动性和传播性
页面设计要求	基于用户习惯，准备文本、音乐、视频等相关文件，进行版式编排，页面完整、美观，作品调性、风格、视觉统一，设计有效参与方式
动画交互要求	长图类拖动交互效果，动画设置合理、流畅
成果要求	3 天内完成，作品素材包和作品发布二维码、网址链接

漫游海底1
教学视频

漫游海底2
教学视频

拓展学习

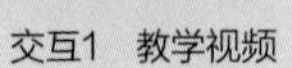
交互1　教学视频

交互2　教学视频

交互3　教学视频

思考

（1）是否可以允许多线连接，连线能否断开？

（2）是否可以给同一个选项多次投票？

（3）拖放容器能否根据期望物体自动计分？

模块 4
H5 作品案例分析

素材4

知识导读

通过本模块的学习，能够掌握 H5 动画交互综合实训技巧，综合应用多种工具，按照项目作品开发流程及工作环节要求完成项目任务，能够了解大学生广告艺术大赛互动广告类优秀竞赛作品的创意策划思路，理解作品设计表现风格和动画交互设计效果。熟悉和掌握北测数字全媒体综合实训与竞赛系统的使用，以重庆市 2022 年“巴渝工匠”杯数字技术技能大赛全媒体运营师（2022 年全国行业职业技能竞赛－全媒体运营师选拔赛）样题为例，了解当年该项目的实施方案、技术文件、评分标准、赛场细则等比赛相关的内容。

学习目标

（1）理解职业素养。

（2）掌握 H5 产品开发方法和步骤。

（3）理解“以赛促学”的意义。

（4）理解互动广告类 H5 竞赛作品投稿要求。

（5）熟悉全国行业职业技能竞赛的相关政策和奖励性文件。

（6）熟悉全国行业比赛流程和评分标准。

（7）掌握全媒体内容制作与开发的制作流程，并分析相关技术难点。

能力目标

（1）理解 H5 项目作品的设计流程。

（2）完成项目作品创意策划、采集加工、脚本分析、页面编辑、保存发布等工作任务。

（3）掌握 H5 作品分析方法技巧。

（4）掌握大广赛互动广告类 H5 竞赛作品的设计流程。

（5）掌握全媒体运营师赛项的比赛技巧和策略。

（6）了解赛前和赛中出现的心理现象及克服方法。

任务 1　商业长图拖动交互脚本分析

《西流沱古镇商业推广》作品视频

本任务选自重庆极美亿文化传播有限公司提供的《西流沱古镇商业推广》真实案例，综合运用预置动画、元件动画、关联动画，掌握长图拖动类动画的制作技术，展现古镇风貌。

页号	画面	描述	
1		画面情节	首页为加载页 背景为黑色星辰
		文案	……
		动画描述	打字机效果
		交互与逻辑	点击右上角音乐按钮，可以暂停 / 播放背景音乐
		音乐与音效	水流背景音乐
		页面切换	直接跳转第 1 页
2		画面情节	本页作为长图页第 1 个画面，承接首页文字动画
		文案	……
		动画描述	车夫拉车动画，小鸟动画
		交互与逻辑	点击右上角音乐按钮，可以暂停 / 播放背景音乐 向左拖动浏览下一页
		音乐与音效	古筝民乐
		页面切换	无
3		画面情节	水平移动背景，出现两个人物对话
		文案	……
		动画描述	车夫拉车动画，对话弹出循环动画
		交互与逻辑	点击右上角音乐按钮，可以暂停 / 播放背景音乐 向左拖动浏览下一页
		音乐与音效	古筝民乐
		页面切换	无
4		画面情节	水平移动背景，出现茶花广场景点
		文案	……
		动画描述	车夫拉车动画
		交互与逻辑	点击右上角音乐按钮，可以暂停 / 播放背景音乐 点击红点按钮提示出现景点介绍
		音乐与音效	古筝民乐
		页面切换	无

续表

页号	画面	描述	
5		画面情节	水平移动背景，出现西流沱牌坊景点
		文案	……
		动画描述	车夫拉车动画
		交互与逻辑	点击右上角音乐按钮，可以暂停 / 播放背景音乐 点击红点按钮提示出现景点介绍
		音乐与音效	古筝民乐
		页面切换	无
6		画面情节	水平移动背景，出现报恩塔景点
		文案	……
		动画描述	车夫拉车动画
		交互与逻辑	点击右上角音乐按钮，可以暂停 / 播放背景音乐 点击红点按钮提示出现景点介绍
		音乐与音效	古筝民乐
		页面切换	无
7		画面情节	水平移动背景，出现四方堂武馆景点
		文案	……
		动画描述	车夫拉车动画
		交互与逻辑	点击右上角音乐按钮，可以暂停 / 播放背景音乐 点击红点按钮提示出现景点介绍
		音乐与音效	古筝民乐
		页面切换	无
8		画面情节	水平移动背景，出现渔人码头景点
		文案	……
		动画描述	车夫拉车动画，对话弹出循环动画 小船左右移动
		交互与逻辑	点击右上角音乐按钮，可以暂停 / 播放背景音乐
		音乐与音效	古筝民乐
		页面切换	无

续表

页号	画面	描述	
9		画面情节	水平移动背景，来到书画坊景点
		文案	……
		动画描述	车夫拉车动画，对话弹出循环动画 小船左右移动
		交互与逻辑	点击右上角音乐按钮，可以暂停 / 播放背景音乐
		音乐与音效	古筝民乐
		页面切换	无
10		画面情节	水平移动背景，出现义堂景点
		文案	……
		动画描述	车夫拉车动画，对话弹出循环动画
		交互与逻辑	点击右上角音乐按钮，可以暂停 / 播放背景音乐 点击红点按钮提示出现景点介绍
		音乐与音效	古筝民乐
		页面切换	无
11		画面情节	水平移动背景，出现如顺凉院子景点
		文案	……
		动画描述	车夫拉车动画，对话弹出循环动画
		交互与逻辑	点击右上角音乐按钮，可以暂停 / 播放背景音乐
		音乐与音效	古筝民乐
		页面切换	无
12		画面情节	水平移动背景，出现戏台景点
		文案	……
		动画描述	车夫拉车动画，对话弹出循环动画 皮影元素循环动画
		交互与逻辑	点击右上角音乐按钮，可以暂停 / 播放背景音乐 点击红点按钮提示出现景点介绍
		音乐与音效	古筝民乐
		页面切换	无

续表

页号	画面	描述	
13		画面情节	水平移动背景，出现听月楼景点
		文案	……
		动画描述	车夫拉车动画，对话弹出循环动画
		交互与逻辑	点击右上角音乐按钮，可以暂停 / 播放背景音乐
		音乐与音效	古筝民乐
		页面切换	无
14		画面情节	水平移动背景，来到闲趣天地景点
		文案	……
		动画描述	车夫拉车动画 帆船晃动动画 旗子文字渐隐循环动画
		交互与逻辑	点击右上角音乐按钮，可以暂停 / 播放背景音乐
		音乐与音效	古筝民乐
		页面切换	无
15		画面情节	水平移动背景，来到江湖夜市景点
		文案	……
		动画描述	车夫拉车动画 自行车左右动画
		交互与逻辑	点击右上角音乐按钮，可以暂停 / 播放背景音乐
		音乐与音效	古筝民乐
		页面切换	无
16		画面情节	水平移动背景，进行页面跳转
		文案	……
		动画描述	车夫拉车动画
		交互与逻辑	点击右上角音乐按钮，可以暂停 / 播放背景音乐 点击“点击进入”按钮跳转下一页
		音乐与音效	古筝民乐
		页面切换	无

续表

页号	画面	描述	
17		画面情节	景区二维码链接
		文案	……
		动画描述	无
		交互与逻辑	点击右上角音乐按钮，可以暂停/播放背景音乐 长按二维码关注
		音乐与音效	古筝民乐
		页面切换	三维翻页

任务 2 H5 竞赛项目案例分析

4.2.1 大学生广告艺术大赛互动广告优秀案例分析

（1）全国大学生广告艺术大赛简介

全国大学生广告艺术大赛（简称“大广赛”）自 2005 年第 1 届至今，遵循“促进教改、启迪智慧、强化能力、提高素质、立德树人”的竞赛宗旨，全国 1 千多所高校参与其中，超过百万学生提交作品。

大广赛以立德树人为根本，以强教兴才为己任，搭建了以赛促练、以赛促学、以赛促教、以赛促改、以赛立德的实践教学改革平台，把一群优秀的青年人聚集在一起，让他们的创造力互相激发，培养了他们的创新意识和解决问题的能力，展示了新一代大学生的才能，体现了自我价值，增强了自信心，滋养了他们的成长。

大广赛是迄今为止全国规模大、覆盖高等院校广、参与师生人数多、作品水准高、受高校教师欢迎、有较大社会影响力的全国性高校文科竞赛。

参赛作品分为平面类、视频类、动画类、互动类、广播类、策划案类、文案类、营销创客类、公益类九大类。

大广赛整合社会资源、服务教学改革，以企业真实营销项目作为命题，与教学相结合，真题真做、了解受众、调研分析、提出策略，在现场提案的过程中实现教学与市场相关联。在大广赛平台上，实现了高校与企业、行业交互，线上与线下联动，学生实践能力得以提升，同时也让企业文化与当代大学生所学专业课程相融，强化了创新创业协同育人的理念（图 4-1）。

（2）全国大学生广告艺术大赛互动类（移动端、场景互动）作品规格及提交要求（图 4-2）

图 4-1　全国大学生广告艺术大赛界面

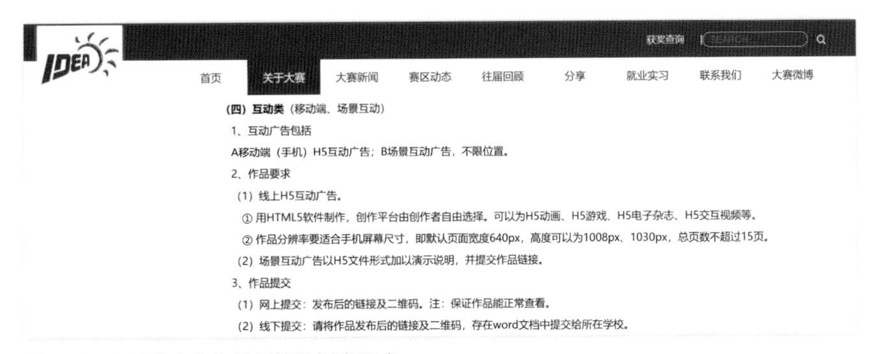

(四) 互动类（移动端、场景互动）

1、互动广告包括

A移动端（手机）H5互动广告；B场景互动广告，不限位置。

2、作品要求

(1) 线上H5互动广告。

① 用HTML5软件制作，创作平台由创作者自由选择。可以为H5动画、H5游戏、H5电子杂志、H5交互视频等。

② 作品分辨率要适合手机屏幕尺寸，即默认页面宽度640px，高度可以为1008px、1030px，总页数不超过15页。

(2) 场景互动广告以H5文件形式加以演示说明，并提交作品链接。

3、作品提交

(1) 网上提交：发布后的链接及二维码。注：保证作品能正常查看。

(2) 线下提交：请将作品发布后的链接及二维码，存在word文档中提交给所在学校。

图 4-2　互动类广告作品规格及提交要求

案例 1：娃哈哈之“苏适”秘籍（佛山科学技术学院）（图 4-3 至图 4-6）

创意策划：用户在作品设定的故事情景中了解产品内容，作品以唐宋八大家之一苏轼的故事为线，诙谐幽默地诠释了苏打水“零负担 零压力 轻减生活活得畅快”的核心卖点。

《娃哈哈之“苏适”秘籍》作品视频

设计表现：作品采用手绘漫画风，列举的场景及对话文案很符合当下人们的审美。

图 4-3　全国一等奖获奖作品《娃哈哈之“苏适”秘籍》加载页和首页

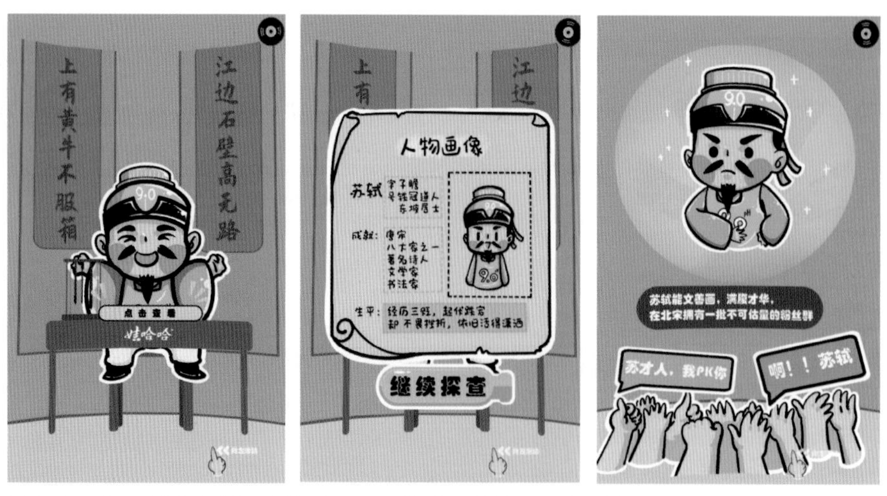

图 4-4　全国一等奖获奖作品《娃哈哈之“苏适”秘籍》全景内容第 1 ~ 3 页

图 4-5　全国一等奖获奖作品《娃哈哈之“苏适”秘籍》全景内容第 4 ~ 6 页

图 4-6　全国一等奖获奖作品《娃哈哈之“苏适”秘籍》全景内容第 7 ~ 9 页

案例 2：寻找中国香气（武汉大学）（图 4-7 至图 4-12）

创意策划：作品设定了 5 个寻找中国香气的互动游戏，让用户在情景中了解产品的味道，并可以自由选择 3 种，形成专属香气。“了解更多”和“再来一次”的设定，提升产品销售和互动游戏的可玩性。

《寻找中国香气》作品视频

设计表现：作品采用中国风手绘插画形式，5 个场景风格统一，画面清新雅致。

动画交互：主要选择点击及拖拽动画交互加以制作，背景音乐和关联声效搭配合理。

图 4-7　全国一等奖获奖作品《寻找中国香气》首页

第一站
寻味竹香
马上就到啦

图 4-8　《寻找中国香气》第 1 页

图 4-9　《寻找中国香气》第 2 ~ 4 页

图 4-10　《寻找中国香气》第 5 ~ 7 页

图 4-11　《寻找中国香气》第 8 ~ 10 页

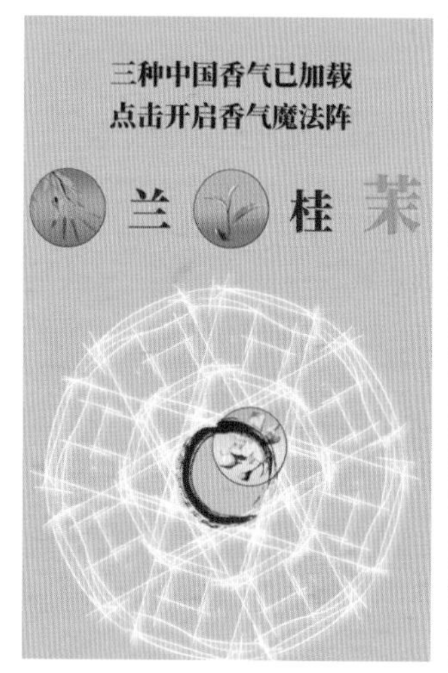

图 4-12　《寻找中国香气》第 11 ~ 13 页

【任务实训】公益命题互动广告

任务书

项目名称	第十四届大广赛公益命题：我们有信仰——奋进新青年，建功新时代
项目背景	2013 年 5 月 4 日，习近平总书记在同各界优秀青年代表座谈时指出："历史和现实都告诉我们，青年一代有理想、有担当，国家就有前途，民族就有希望，实现我们的发展目标就有源源不断的强大力量。" 2016 年 4 月 26 日，习近平总书记在知识分子、劳动模范、青年代表座谈会上强调："实现中华民族伟大复兴的中国梦，需要一代又一代有志青年接续奋斗。青年人朝气蓬勃，是全社会最富有活力、最具有创造性的群体。" 党的十八大以来，习近平总书记始终高度重视青年工作，围绕青年工作发表了一系列重要论述，对广大青年充分信任、寄予厚望："时代的责任赋予青年，时代的光荣属于青年！" 中国共青团是广大青年在实践中学习中国特色社会主义和共产主义的学校，是党的助手和后备军。中国共青团始终坚定不移跟党走，在国家、民族发展的不同历史阶段，带领一代又一代怀揣理想抱负的有志青年，接续奋斗，书写出万卷千篇可歌可泣的时代华章。 征程万里风正劲，重任千钧再出发。 立足新时代，大学作为青年人成长、聚集的高地，正不断发挥引擎作用，为国家高质量发展提供人才支撑，引领、凝聚青春力量助力中国梦，承担起薪火相传、继往开来的时代责任。 新一代青年大学生群体，沐浴着党的光辉，不断焕发出崭新的创造活力，成为推动经济建设、文化艺术和社会民生等领域发展的强而有力的新生力量；在中国昂首阔步迈向社会主义现代化强国的道路上，以信仰之基，着青春之色，以奋斗之姿，建时代新功！
命题解析	青年者，国之魂也。 回首过去，刘胡兰、邱少云、雷锋、黄继光、向秀丽、黄文秀、陈祥榕……无数青年英雄以青春血性，担起民族复兴的盛世伟业。 他们在战火硝烟中，为保卫国家英勇奋战；在建设年代，为护卫国防安全建功立业；在改革开放的春风中，勇立潮头创造奇迹；在科技强国事业中，不畏艰难上下求索；在竞技体育的赛场上，顽强拼搏、永不言弃；在举国战疫之时，挺身而出千里驰援；在乡村振兴的舞台上，实干笃行、担当尽责……一代又一代有志青年，接续奋斗。 …… 大学，是青年大学生明确人生理想、练就本领的重要阶段，国防科技、航天工程、乡村振兴、移动互联……无数领域需要青年大学生们选择、学习、开拓、建设并扎根其中，在迈向社会主义现代化强国的新征程中，发挥好青年人的力量，与时代同向同行、奋勇前进，在祖国最需要的地方绽放青春光彩。 一代人有一代人的长征，一代人有一代人的担当。生逢盛世，吾辈青年当有为，方能不负韶华，不负伟大时代！ 青年大学生们，你们准备好了吗?
命题内容	根据上述内容及创作主题，回顾并歌颂青年英雄楷模的光辉事迹，呼唤新时代青年奋发有为，接续奋斗，践行"强国有我"的铮铮誓言，并在以下几个方面进行创作： 我们有信仰：讴歌、铭记无数舍身为国的青年英雄楷模的光辉事迹； 奋进新青年：发掘当下青年励志故事，传播正能量勾勒时代风貌； 接力写青春：牢记初心使命，用行动践行责任，强国有我答卷。
成果要求	2 周完成，作品发布二维码、网址链接

注：①仔细阅读工作任务书，进行分析和讨论，并填写完成进度记录；②充分了解项目背景，确定 H5 设计制作方向；③结合任务书分析 H5 作品设计难点和常见技术问题。

案例：《等待黎明》脚本撰写（重庆工商职业学院 叶小凤）

《等待黎明》作品视频

页号	画面	描述	
1		画面情节	本页作为首页，是加载页 背景为黑色 时钟：黎明的钟声
		文案	无
		动画描述	分针时针帧动画转动 到达 12 点响起黎明的钟声
		交互与逻辑	点击右上角音乐按钮，可以暂停 / 播放背景音乐
		音乐与音效	黎明的钟声
		页面切换	直接跳转第 1 页
2		画面情节	本页作为菜单页第 2 个画面，承接首页动画 画面中的文本等元素逐渐出现，切换至 3 场景
		文案	等待黎明
		动画描述	开启等待按钮缓慢出现时间 1.5 秒
		交互与逻辑	点击右上角音乐按钮，可以暂停 / 播放背景音乐 点击按钮切换到第 2 页
		音乐与音效	对峙
		页面切换	上下翻页：缓入
3		画面情节	本页作为菜单页第 3 个画面，承接第 1 页动画 画面中的文本，表情等元素逐渐放大消失，切换至 4 场景
		文案	……
		动画描述	文案进入，打字机 7 秒 开始沉睡进入缓入 1.5 秒延迟 7 秒 寻找上级进入缓入 1.5 秒延迟 7 秒
		交互与逻辑	点击右上角音乐按钮，可以暂停 / 播放背景音乐 点击开始沉睡进入第 5 页 点击寻找上级进入第 4 页
		音乐与音效	开始播放背景音乐《时间煮雨》纯音乐
		页面切换	上下翻页：缓入

续表

页号	画面	描述	
4	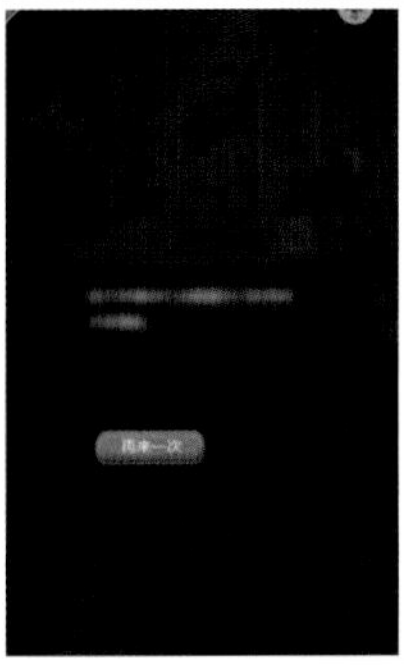	画面情节	本页作为菜单页第 4 个画面，承接第 3 页动画 画面中的文本等元素逐渐出现，切换至 5 场景
		文案	……
		动画描述	文案缓入时长 1 秒延迟 1 秒 再来一次缓入 1.5 秒延迟 2 秒
		交互与逻辑	点击右上角音乐按钮，可以暂停 / 播放背景音乐 点击再来一次回到第 3 页
		音乐与音效	对峙　枪响
		页面切换	上下翻页：缓入
5		画面情节	本页作为菜单页第 5 个画面，承接第 4 页动画 画面中的文本等元素逐渐放大，切换至 6 场景
		文案	……
		动画描述	文案打字机 7 秒 接头暗号时长 5 秒延迟 7 秒 提示灯元动画时长 1.5 秒延迟 10 秒
		交互与逻辑	点击右上角音乐按钮，可以暂停 / 播放背景音乐 输入接头暗号进入第 6 页 点击提示灯出现提示语
		音乐与音效	对峙　打字机
		页面切换	上下翻页：缓入
6		画面情节	本页作为菜单页第 6 个画面，承接第 5 页动画 画面中的文本等元素逐渐放大消失，切换至 7 场景
		文案	……
		动画描述	文案缓入 3 秒 手缓入 1s 延迟 3 秒 小物件缓入 1.5 秒摇摆 1.5 秒延迟 1 秒
		交互与逻辑	点击右上角音乐按钮，可以暂停 / 播放背景音乐 点击小物件积分进入下一帧重复两次 点击查看进入第 7 页
		音乐与音效	对峙　打字机
		页面切换	上下翻页：缓入
7		画面情节	本页作为菜单页第 7 个画面，承接第 6 页动画 画面中的文本等元素逐渐放大，切换至 8 场景
		文案	……
		动画描述	文案 1 缓入 2 秒 文案 2 缓入 1.5 秒延迟 4 秒 文案 3 缓入 1 秒延迟 10 秒
		交互与逻辑	点击右上角音乐按钮，可以暂停 / 播放背景音乐 点击获取任务跳转到第 8 页
		音乐与音效	对峙 打字机 江山代有人才出 中国说
		页面切换	上下翻页：缓入

4.2.2　全媒体运营师竞赛全媒体可视化作品制作案例分析

2022 年 6 月 20 日，由中国电子商会、中国就业培训技术指导中心、中国国防邮电工会全国委员会联合发布《2022 年全国行业职业技能竞赛—第四届全国电子信息服务业职业技能竞赛通知》（图 4-13），2022 年全国行业职业技能竞赛—第四届全国电子信息服务业职业技能竞赛，以“新时代、新技能、新梦想”为主题，着力提高职业技能竞赛科学化、规范化、专业化水平，适度控制规模、提高竞赛质量、推广竞赛成果、创新竞赛组织形式，实现以赛促学、以赛促训、以赛促评、以赛促建，为普及新一代信息技术提高劳动者素质、推动行业发展提供坚实基础并营造良好氛围。

中 国 电 子 商 会
中国就业培训技术指导中心
中国国防邮电工会全国委员会

中电商字〔2022〕07 号

图 4-13　2022 年全国行业职业技能竞赛—第四届全国电子信息服务业职业技能竞赛通知

案例：重庆市 2022 年“巴渝工匠”杯数字技术技能大赛全媒体运营师（2022 年全国行业职业技能竞赛—全媒体运营师选拔赛）样题

（1）比赛注意事项

①全媒体综合实训与竞赛系统（图 4-14）用于“全媒体可视化内容制作”“全媒体作品聚合与发布”模块竞赛；业务数据可视化展示平台（图 4-15）用于实操题“全媒体数据分析”模块竞赛。

图 4-14　全媒体综合实训与竞赛系统

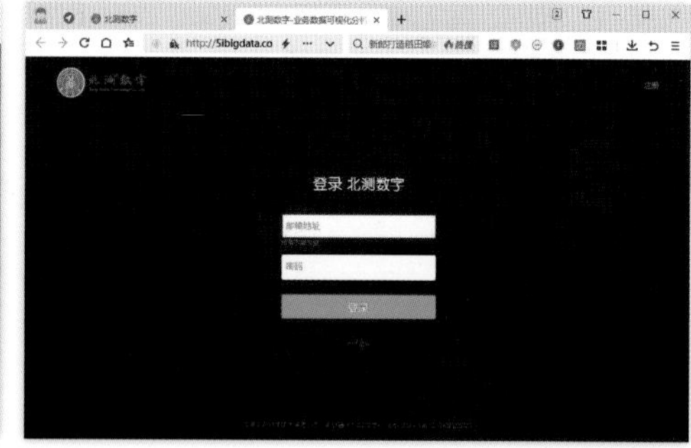

图 4-15　业务数据可视化展示平台

② 实操题“全媒体素材与加工”竞赛使用 Photoshop、Premiere、After Effects 软件进行操作；实操题全媒体页面开发作品使用 HBuilder 编译器，开启软件后点击“无需登录”即可进行内容制作。

③制作过程中请及时保存作品，做到勤保存，勤检查。注意：“北测数字—全媒体综合实训与竞赛系统” 保存作品和提交作品是两个不同的步骤，作品提交以最后一次提交作品的时间作为最终的交卷时间；如提交多个作品，则以提交时间最晚的作品为最终提交作品。“北测—业务数据可视化展示平台”作品完成之后，无须单独提交，保存在账号中即可。

④比赛策略问题，目前来看 4 个小时几乎不可能完成全媒体运营师的所有比赛项目，可以根据自己擅长的内容，有策略性地放弃部分竞赛内容，一定要衡量得分时间比，特别是在一些逻辑比较复杂的时候要及时退出自己的竞赛专注状态，跳过障碍（可以在页面中设置提示按钮进行）制作比较容易得分的页面和项目。

（2）比赛任务

http://

点击上方链接查看“直奔马拉松”样例作品，并仔细分析“直奔马拉松”图文分镜脚本，根据 U 盘文件夹“赛题素材/全媒体内容制作与开发/全媒体可视化作品制作/素材”所提供的素材，使用全媒体综合实训与竞赛系统 H5 专业版制作工具创作脚本所示作品。(以样例链接为参考，制作任务书中图文脚本所示作品)

全媒体可视化作品制作要求：

（1）页数一致；　　（2）画面、内容及排版一致；

（3）动画内容及效果一致；　　（4）交互方式及效果一致；

（5）音乐及音效一致；　　（6）旋转模式及自适应模式一致；

（7）页面尺寸为 320 * 570。

全媒体可视化作品图文分镜脚本如下：

（备注：页号描述如：1、2、3……为页号；1-1、1-2、1-3……为第 1 个页面的第 1 个场景、第 2 个场景、第 3 个场景…）

页面切换特别说明教学视频

页号	画面	描述	
1	SPORTS 2021 直奔 马拉松 36 %	画面情节	本页作为加载页面； 背景为水彩风格马拉松宣传图
		文案	……
		动画描述	SPORTS 2021 从屏幕左上角平移出现； 人物从屏幕左下角飞出； 标题文字循环出现遮罩效果； 进度条虚线随加载进度逐渐增长； 彩带从屏幕中间循环下落； 屏幕中间球状白点循环闪烁
		交互与逻辑	进度条下方的百分比数字随加载进度逐渐从 0 ~ 100 变化； 加载进度 100% 后自动跳转至第 2 页面。
		音乐与音效	无
		页面切换	缓入
2	SPORTS 2021 直奔 马拉松 开始游戏 游戏规则	画面情节	本页为开始游戏和游戏规则页面
		文案	……
		动画描述	SPORTS 2021 从屏幕左上角平移出现； 人物从屏幕左下角飞出； 标题文字循环出现遮罩效果； 开始游戏、游戏规则按钮先后从屏幕左侧飞入； 彩带从屏幕中间循环下落； 屏幕中间球状白点循环闪烁
		交互与逻辑	点击开始游戏即可进入 P4-1 开始游戏； 点击游戏规则即可进入 P3 页面阅读游戏规则
		音乐与音效	开始播放背景音乐
		页面切换	出现

续表

页号	画面	描述	
3		画面情节	本页作为游戏规则页面
		文案	……
		动画描述	SPORTS 2021 在屏幕上方从左侧移入； “直奔马拉松”从蹦入后，循环出现白色跑马灯遮罩效果； 游戏规则及白色文本底框从屏幕左侧飞入； 屏幕右下角的条纹从右侧飞入； 人物飞入后晃动一次； 开始游戏按钮缓入； 屏幕中有球状白点循环闪烁
		交互与逻辑	点击“开始游戏”按钮后进入 P4-1 页面
		音乐与音效	继续播放背景音乐
		页面切换	出现
4-1		画面情节	本页为直奔马拉松的小游戏页面
		文案	……
		动画描述	“加油！必胜！”条幅从屏幕上方向下移入后晃动提示一次； 白云在屏幕上方循环左右移动； “你已跑 × 米”上浮出现； 屏幕下方两个按钮上浮出现
		交互与逻辑	屏幕上方已用时 × 秒，× 从 0 开始每秒加一； 点击“左脚”人物出现迈左脚动作，点击“右脚”人物出现迈右脚动作，同时屏幕上方的你已跑 0 米每点击一次加 50 米； 点击左右脚按钮以后，出现模拟跑步的动画，一秒后没有点击，动画停止； 计时 30 秒后，游戏结束，出现入 P4-2 场景
		音乐与音效	继续播放背景音乐
		页面切换	出现
4-2		画面情节	本页为小游戏结果页面
		文案	……
		动画描述	飘花循环下落； 马拉松狂欢条幅下一出现； 白色底框上移出现； 奖杯换入； 你已跑 × × 米上浮出现； 线下马拉松预报名稍作延迟后退出
		交互与逻辑	你已跑 × × 米，× × 表示 P4-1 中所跑的步数； 点击“线下马拉松预报名”即可跳转至 P4-3 场景
		音乐与音效	继续播放背景音乐
		页面切换	无

续表

页号	画面	描述	
4-3		画面情节	本页为小游戏页面的第 3 个场景； 为马拉松报名页面
		文案	姓名请输入你的姓名 手机号 请输入的你的电话
		动画描述	两个输入框从左侧移入； “立即报名”按钮从下方浮入
		交互与逻辑	输入框中可以输入姓名、手机号，且姓名格式要求为中文，手机号必须为标准的手机号码格式； 两个输入框都输入对应的内容后，点击“立即报名”按钮跳转至 P4-4 场景，否则会提醒姓名或电话的格式不正确； 点击“立即报名”后出现黄色对勾并循环闪烁，之后切换至 P4-3 页面
		音乐与音效	继续播放背景音乐
		页面切换	平移
4-4		画面情节	本页作为报名成功后的邀请界面； 承接 P4-3 场景
		文案	张三（为 P4-3 页面所输入的姓名） 2021 年 12 月 28 日 1330000000（为 P4-3 页面所输入的电话）
		动画描述	邀请函纸张从信封中上浮出现； “返回首页”按钮从下方浮入
		交互与逻辑	姓名下方的“张三”为 P4-3 场景输入的姓名； 联系方式的电话为 P4-3 场景输入的电话号码； 点击“返回首页”按钮即可返回 P2 页面，并可以重新开始游戏
		音乐与音效	继续播放背景音乐
		页面切换	出现

（3）制作流程

①利用 Photoshop 软件根据效果需要进行素材处理，主要是图像大小调节，根据参考案例栅格化图层（一些有效果的图层为了保持 Photoshop 里面的效果最好都栅格化图层样式，一些排版好的文字或者艺术文字最好也栅格化文字）以及合并图层减少素材量。

②登录北测数字—全媒体综合实训与竞赛系统，利用 H5（专业版编辑器）创建作品，并导入图片、声音素材。

③页面布局（图文排版、组件及舞台外相关变量摆放）。

④制作动画（预置动画、关键帧动画、元件动画、遮罩动画等）。

⑤制作交互（属性设置、变量传递、页面跳转等）。

⑥保存作品。

⑦提交作品。

H5 作品、图文作品提交步骤：鼠标移入要提交的作品中，点击“发布”按钮（图 4-16），进入作品提交发布页面，点击右上方的“确认发布”（图 4-17）按钮，然后点击“班级作业”按钮，选择对应班级（比赛时候的班级），提交班级作业即可（图 4-18）。

查看作品提交情况：鼠标移入右上方的账号名称，选择“我的账户”页面，然后在左边点击“我的班级”即可看到自己关联的班级看情况，然后点击“查看提交作品”按钮（图 4-19）可以进入查看作品页面，可以查看到自己关联提交的作品（图 4-20）。

取消提交：在我的作品页面，鼠标移入作品中，点击“预览”（图 4-21）按钮，进入作品详情页，在此页面中可以重新发布、取消发布和取消提交（图 4-22），取消提交需要点击班级作业按钮，弹出提示框，取消提交后，教师班级将看不到你的作品，即没有交作品，比赛的时候一定不要取消提交，不然教师账号后台无法查看你的作品，评委将会判定该项比赛未提交作品，按 0 分处理。

图 4-16　发布作品

图 4-17　确认发布

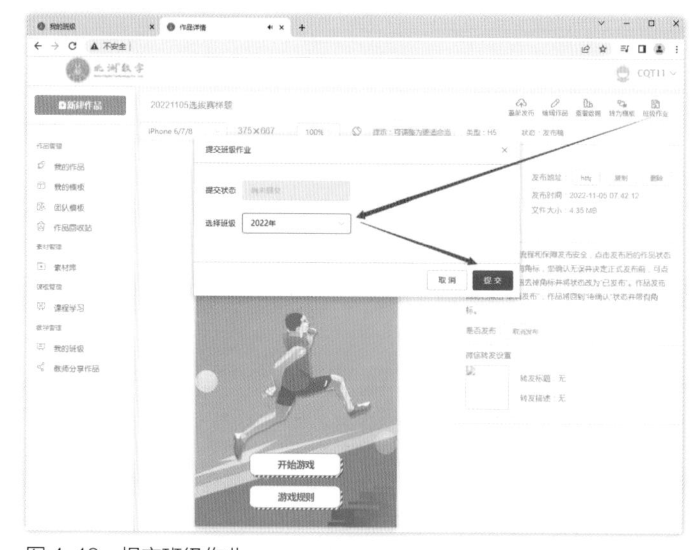

图 4-18　提交班级作业

图 4-19　查看提交作品

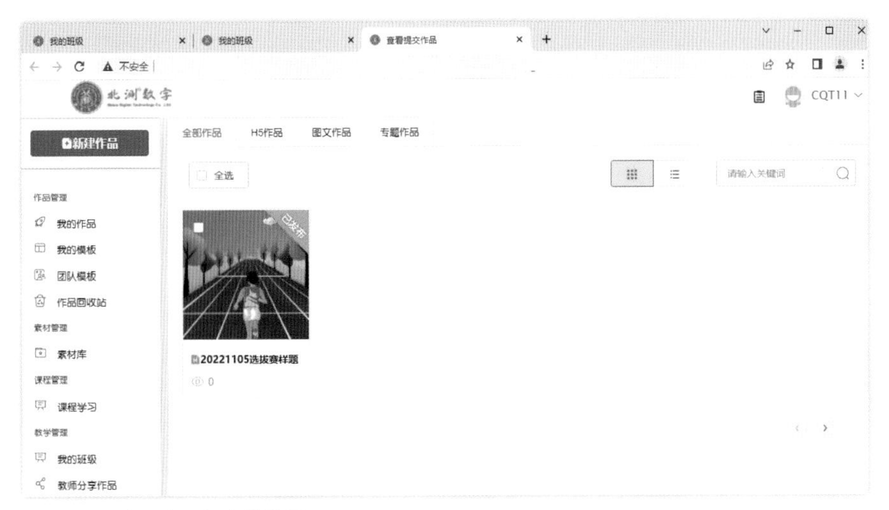

图 4-20　查看自己提交的作品

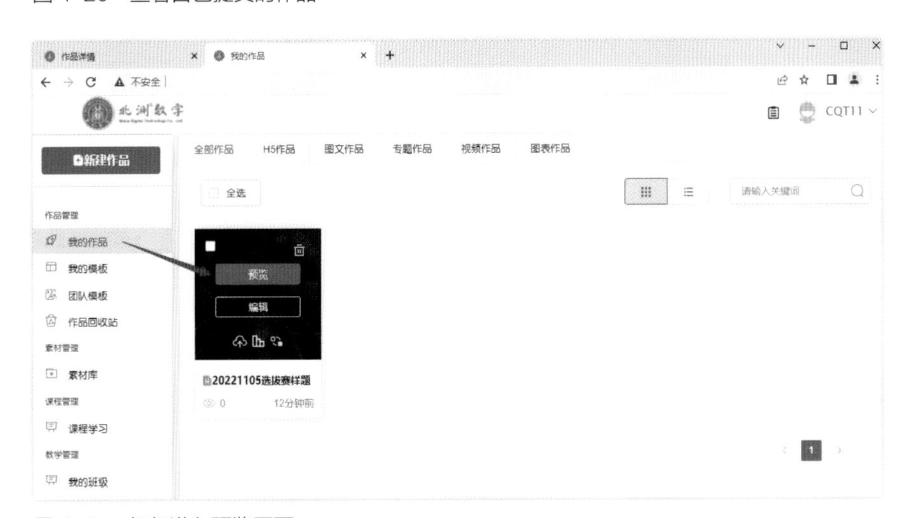

图 4-21　如何进入预览页面

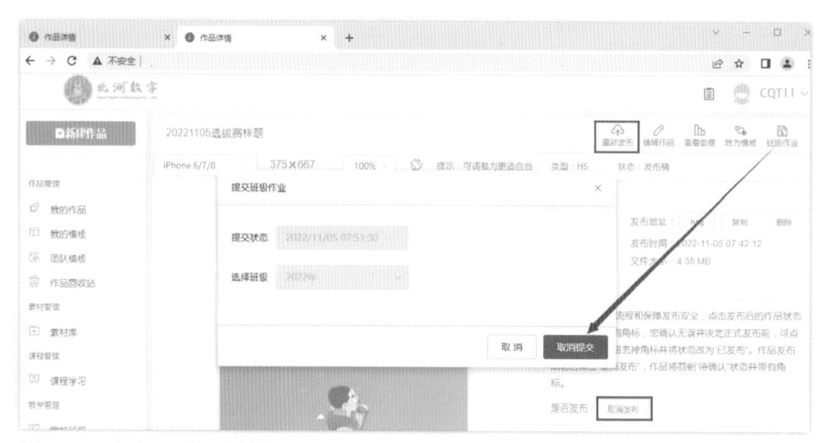

图 4-22　如何取消提交的作品

（4）比赛样题难点技术解析

Photoshop 中图像大小调整，根据任务书设置，本案例设置为 320 像素 ×570 像素（图 4-23）。

图 4-23　调整图像大小

对于有图层样式的图层、文字（或者艺术文字）进行栅格化图层（图 4-24）或者栅格化图层样式处理（图 4-25）。

图 4-24　栅格化图层（图层）

图4-25　栅格化图层样式

图层没有动画的，或者动画整体一致的可以 Ctrl+E 合并图层，便于减少素材量，这样导入到北测平台后时间线图层少一些，便于操作。

① P1 画面内的技术要点。

任务类型	要求	技术要点
动画描述	SPORTS 2021 从屏幕左上角平移出现	添加预置动画—移入
	人物从屏幕左下角飞出	添加预置动画—飞入
	标题文字循环出现遮罩效果	制作元件里面设置遮罩动画
	进度条虚线随加载进度逐渐增长	制作遮罩动画
	彩带从屏幕中间循环下落	制作元件动画
	屏幕中间球状白点循环闪烁	方法一：制作元件里面关键帧动画； 方法二：添加预置动画缓入缓出，然后开启循环
交互逻辑	进度条下方的百分比数字随加载进度逐渐从 0 ~ 100 变化	预置文本格式为“当前加载进度百分数”，然后在后面添加百分号 P{{load_percent}}%
	加载进度 100% 后自动跳转至 P2 页面	在加载标签里面，将样式设置为“首页作为加载页”

下面重点讲解一下动画描述第 3 点和第 4 点的遮罩动画做法。

将“直奔马拉松”素材导入舞台，转化为元件（图 4-26），这样元件动画在舞台中可以实现循环播放效果。

在元件中将最底层“直奔马拉松”设置透明度：50（图 4-27），这样在舞台中可以透出一底部颜色，复制（Ctrl+C）最底层的“直奔马拉松”素材，然后新建图层 1，原位粘贴素材（Ctrl+Shift+V），设置透明度为 100。

新建图层 2，这一层作为遮罩层，在元件中绘制一个矩形，旋转为倾斜状态，制作从左边移动到右边的关键帧动画（图 4-28）。

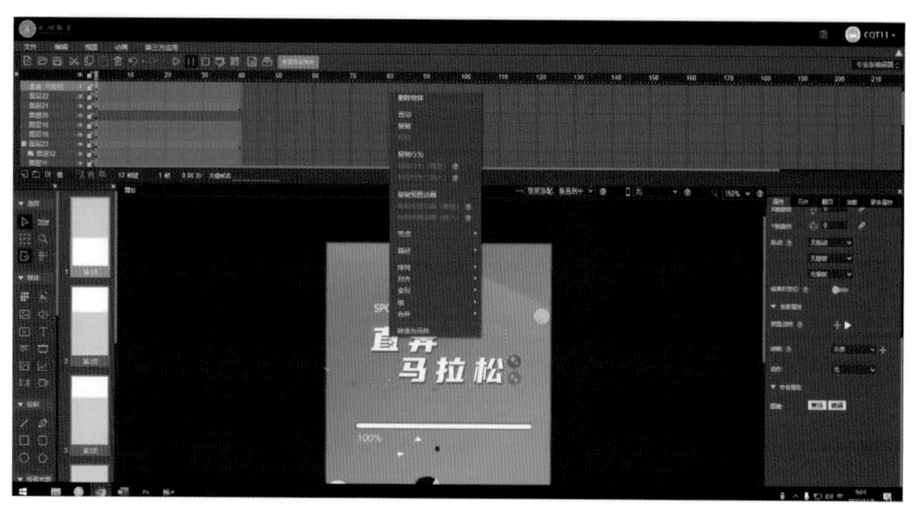

图 4-26　“直奔马拉松”转换为元件

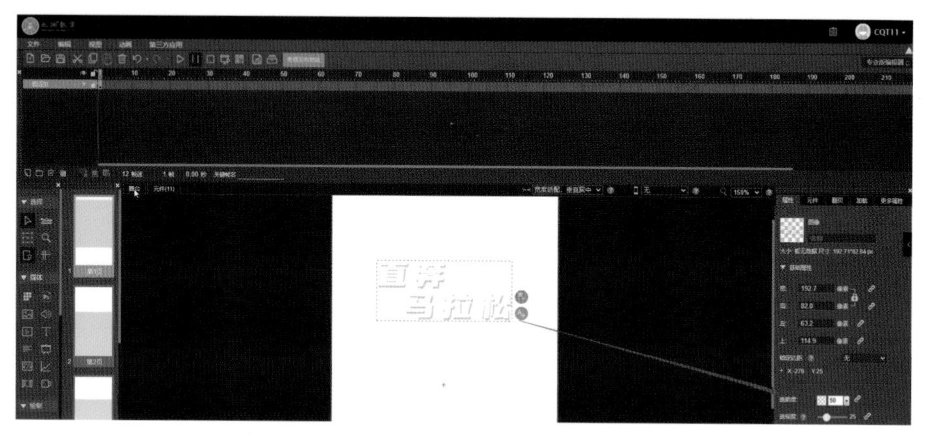

图 4-27　最底层“直奔马拉松”透明度 50

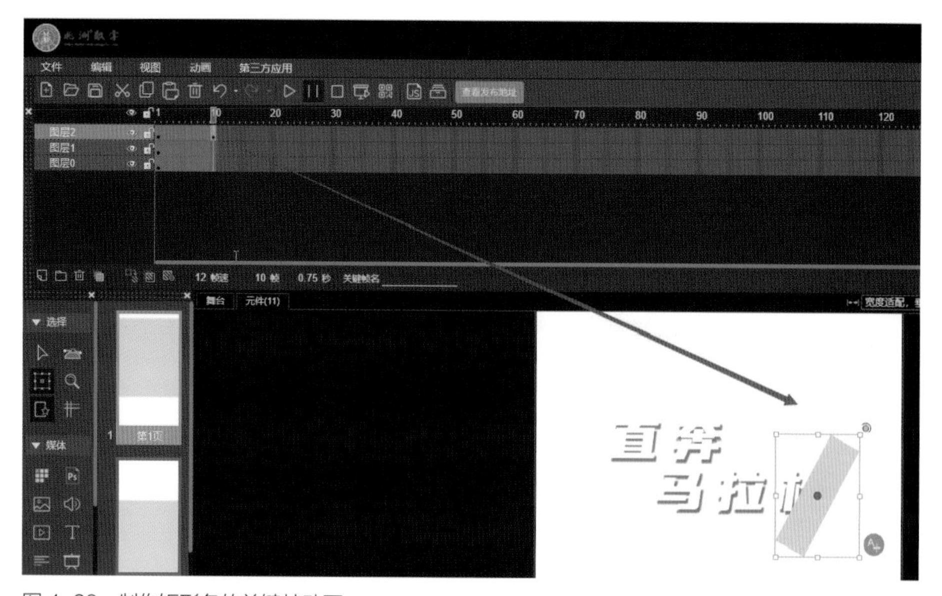

图 4-28　制作矩形条的关键帧动画

将顶部矩形条图层，添加为遮罩层（图4-29）。

下面制作进度条动画，将进度条的椭圆形进度背景条导入，然后在上面图层绘制线条，再复制多根线条，利用对齐命令和均分宽度（图4-30）命令得到栅格，成组后拉升高度，旋转一下方向，使其倾斜（图4-31）。

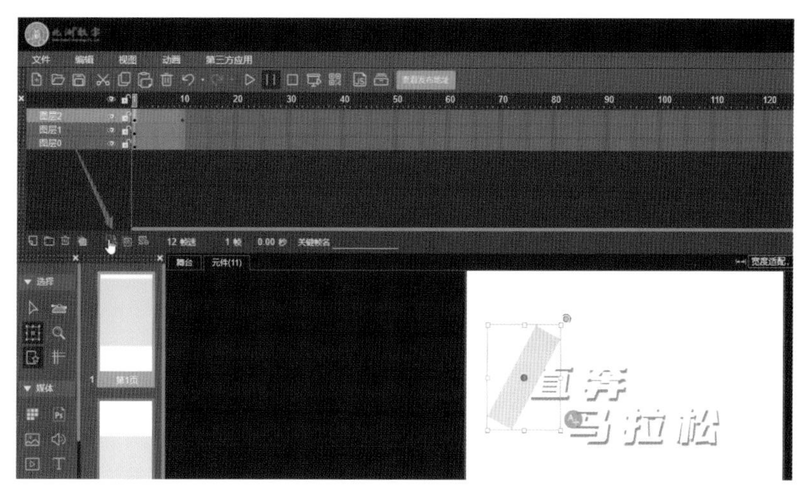

图4-29　设置为遮罩层

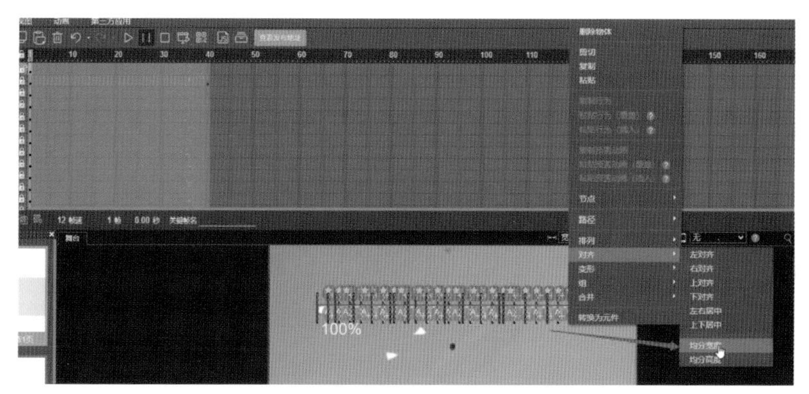

图4-30　制作栅格

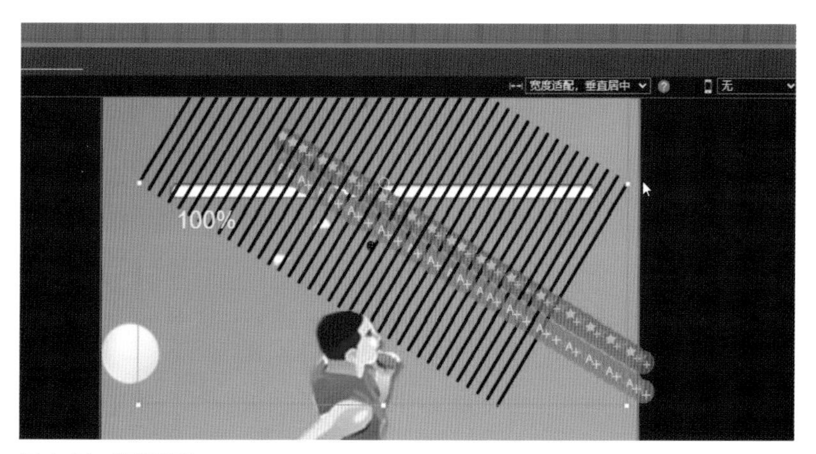

图4-31　旋转栅格

在栅格图层上面新建图层，将进度条的椭圆形进度背景条原位复制到该层中，然后选择栅格层，制作栅格从左往右移动的关键帧动画（图 4-32）。

图 4-32　制作栅格从左往右移动动画

将栅格上面一层的椭圆形进度背景条设置为遮罩图层（图 4-33）。

图 4-33　栅格上面椭圆形背景条设置为遮罩层

② P2-1 画面内的技术要点。

任务类型	要求	技术要点
动画描述	SPORTS 2021 从屏幕左上角平移出现	添加预置动画—移入
	人物从屏幕左下角飞入	添加预置动画—飞入
	标题文字循环出现遮罩效果	制作元件里面设置遮罩动画
	开始游戏、游戏规则按钮先后从屏幕左侧飞入	添加预置动画—飞入，游戏规则飞入时候延迟一点时间
	彩带从屏幕中间循环下落	制作元件动画
	屏幕中间球状白点循环闪烁	方法一：制作元件里面关键帧动画； 方法二：添加预置动画缓入缓出，然后开启循环

续表

任务类型	要求	技术要点
交互逻辑	点击开始游戏即可进入 P4-1 开始游戏	添加行为“跳转到页”
	点击游戏规则即可进入 P3 页面阅读游戏规则	添加行为“跳转到页”

本页没有难点，只是需要注意设置跳转到页，页面切换效果需要到任务书中去看具体进入某一页的时候要求是什么页面切换效果，例如“点击开始游戏即可进入 P4-1 开始游戏”，根据任务要求，为本页“开始游戏”按钮添加行为“跳转到页”，设置跳转到“P4-1”，翻页方式为“出现”（图 4-34）。

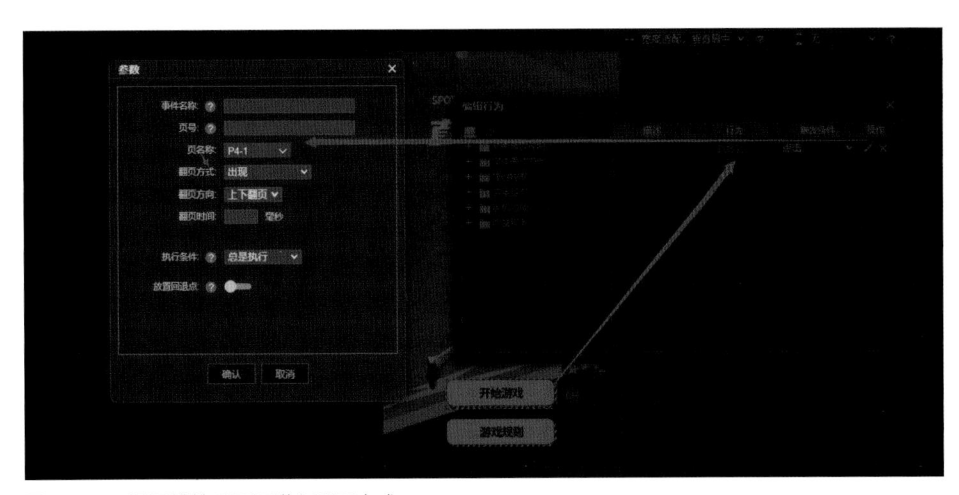

图 4-34　设置跳转后页面进入翻页方式

③ P3 画面内的技术要点。

任务类型	要求	技术要点
动画描述	SPORTS 2021 从屏幕左上角平移出现	添加预置动画—移入
	“直奔马拉松”从蹦入后，循环出现白色跑马灯遮罩效果	先制作元件里面的遮罩动画，然后为元件添加预置动画—蹦入
	游戏规则及白色文本底框从屏幕左侧飞入	添加预置动画—飞入
	屏幕右下角的条纹从右侧飞入	添加预置动画—飞入
	人物飞入后晃动一次	添加预置动画—飞入 添加预置动画—晃动
	开始游戏按钮缓入	添加预置动画缓入
	屏幕中有球状白点循环闪烁	方法一：制作元件里面关键帧动画； 方法二：添加预置动画缓入缓出，然后开启循环
交互逻辑	点击“开始游戏”按钮后进入 P4-1 页面	添加行为“跳转到页”

④ P4-1 画面内的技术要点。

任务类型	要求	技术要点
动画描述	“加油！必胜！”条幅从屏幕上方向下移入后晃动提示一次	添加预置动画—移入 添加预置动画—晃动
	白云在屏幕上方循环左右移动	利用元件制作白云的关键帧动画
	“你已跑 × 米”上浮出现	添加预置动画—浮入，× 文字单独制作，并取名为“米”，初始值设为 0
	屏幕下方两个按钮上浮出现	添加预置动画—浮入
交互逻辑	屏幕上方已用时 × 秒，× 从 0 开始每秒加一	利用定时器，设置 30 秒，顺计时
	点击“左脚”人物出现迈左脚动作，点击“右脚”人物出现迈右脚动作，同时屏幕上方的你已跑 0 米每点击一次加 50 米	人物制作原件，第 1 帧右脚，第 2 帧左脚。分别设置行为出现就暂停。 点击添加行为：每次改变米数增加 50，执行条件为判断米数对 100 取余数，如果余数为 0，左脚按钮米数增加 50 生效，如果不等于 0，设置右脚按钮米数增加 50 生效。
	点击左右脚按钮以后，出现模拟跑步的动画，1 秒后没有点击，动画停止	跑道制作元件关键帧动画，横线下移。默认第 1 帧暂停，当左脚或者右脚点击按钮能够增加米数 50 时候（执行条件与上一条相同），播放跑道元件动画第 2 帧。
	计时 30 秒后，游戏结束，出现入 P4-2 场景	定时器添加行为“跳转到页”，触发条件为“定时器时间到”

这里重点讲解一下交互逻辑的第 2 点和第 3 点。

在 Photoshop 中处理好素材后，把跑道地面导入舞台，转化为元件，在底层 20 帧处按 F5 使其一直显示到 20 帧，然后在上面新建图层 1，绘制横向的线条（图 4-35）。

制作横向线条向下移动的关键帧动画，在 20 帧处点击右键“插入关键帧动画”（图 4-36）。

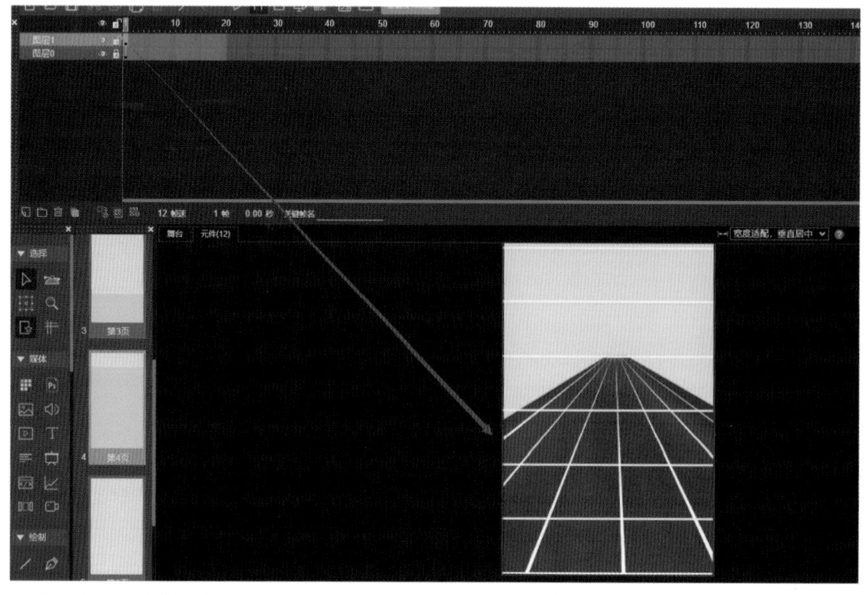

图 4-35 制作横向线条

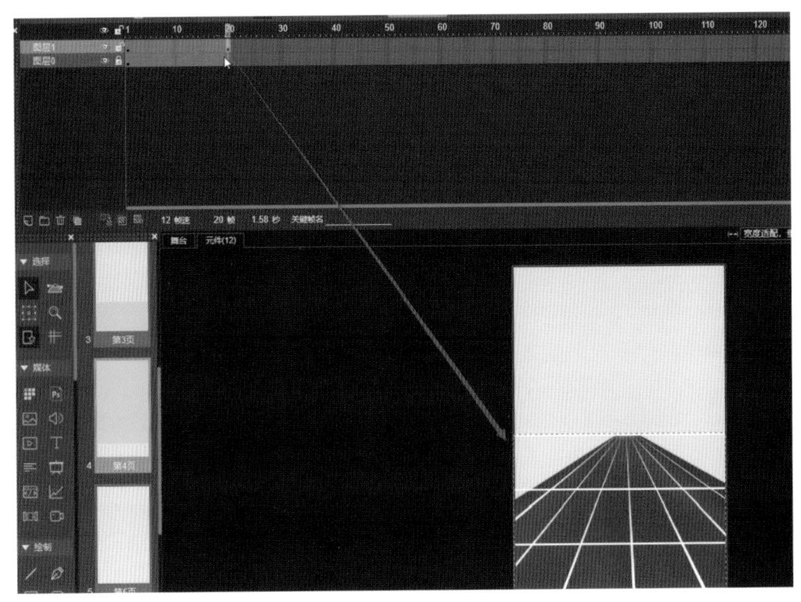

图 4-36　制作横向线条向下移动关键帧动画

将底层跑道复制一层，然后在最顶层新建图层，原位置粘贴跑道图片，并为顶层添加遮罩（图 4-37）。

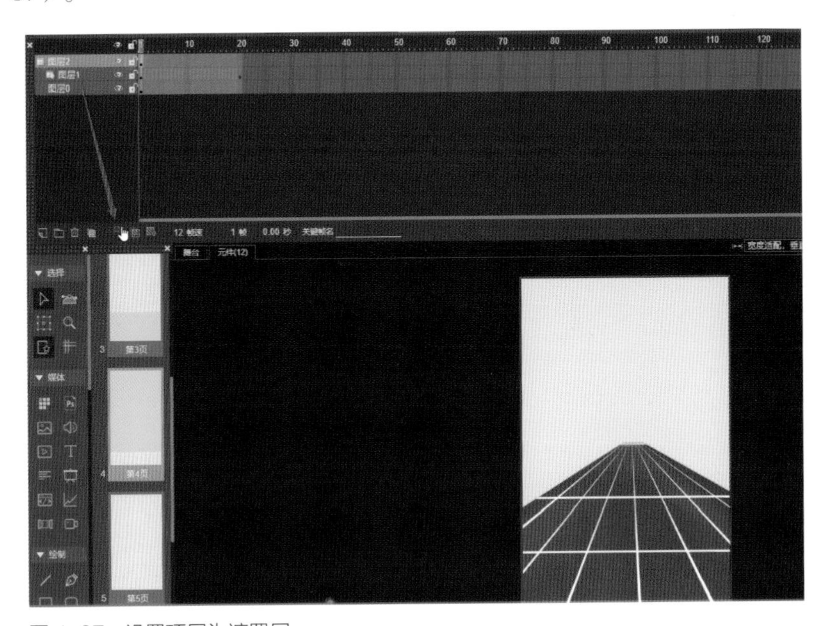

图 4-37　设置顶层为遮罩层

现在设置跑道默认暂停，在新建图层 3，为第 1 帧点击右键添加行为“暂停”（图 4-38），然后为第 2 帧按 F6 添加空白关键帧，这样暂停就只在第 1 帧有效。

将人物、左脚、右脚素材添加到舞台，给跑道元件取名为“跑道”（图 4-39）。

选择左脚按钮，添加行为“播放元件片段”，进入编辑参赛面板，设置元件实例名称为“跑道”，起始帧号：2，结束帧号：20（图 4-40）。

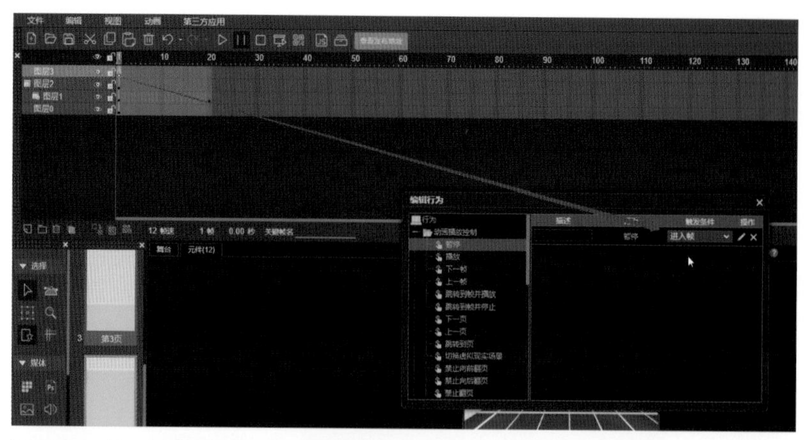

图 4-38　第 1 帧进入暂停

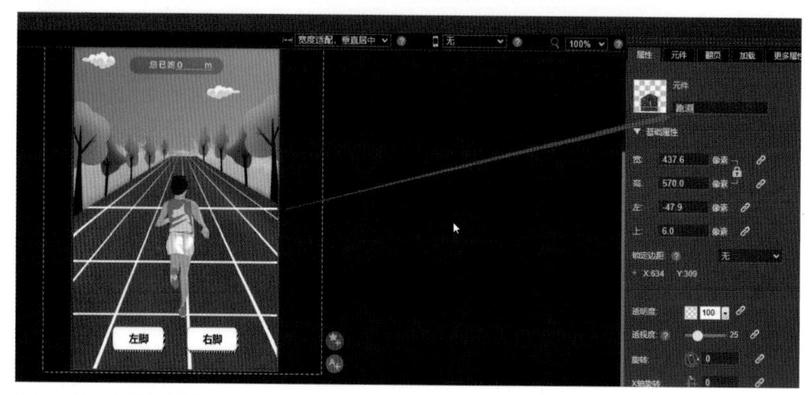

图 4-39　给跑道取名

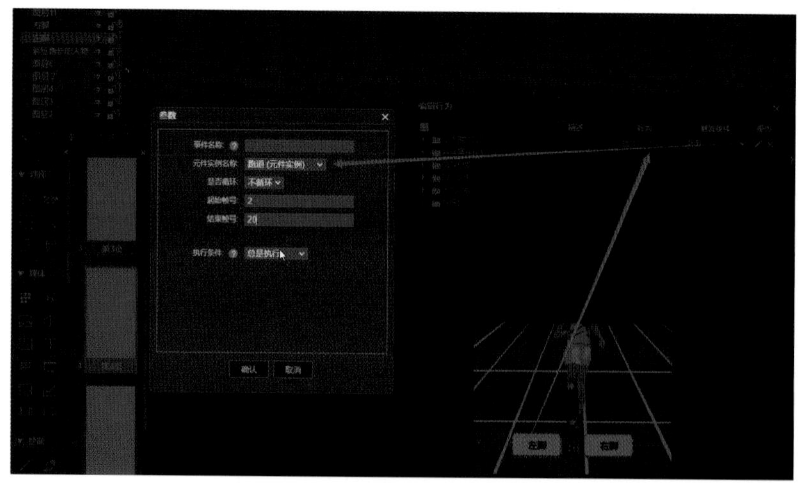

图 4-40　点击左脚播放跑道元件动画

同理，给右脚按钮，添加行为，这次可以换成“跳转到帧并播放”的行为也可以实现播放元件效果，进入编辑参赛面板，作用对象：跑道，帧号：2（图 4-41）。

人物转换为元件，双击进入人物元件内，在第 2 帧按 F5，再按 F6，第 2 帧的人物 Y 轴旋转设置：180（图 4-42），使其左右翻转一下画面，这样第 1 帧是右脚落地，第 2 帧是左脚落地。

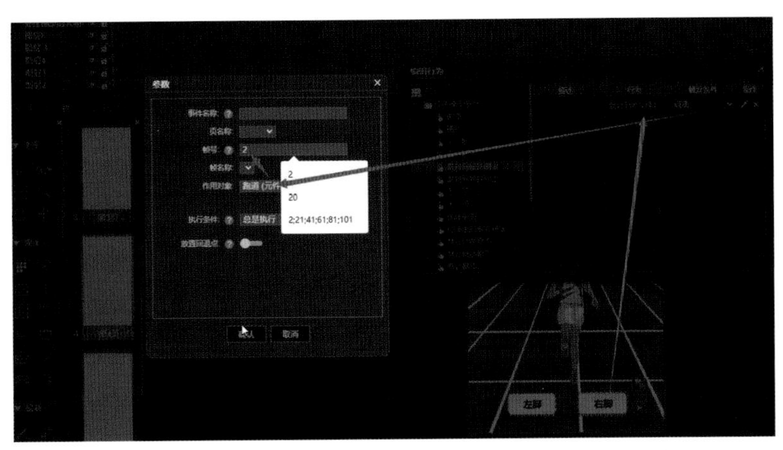

图 4-41　点击右脚播放跑道元件动画

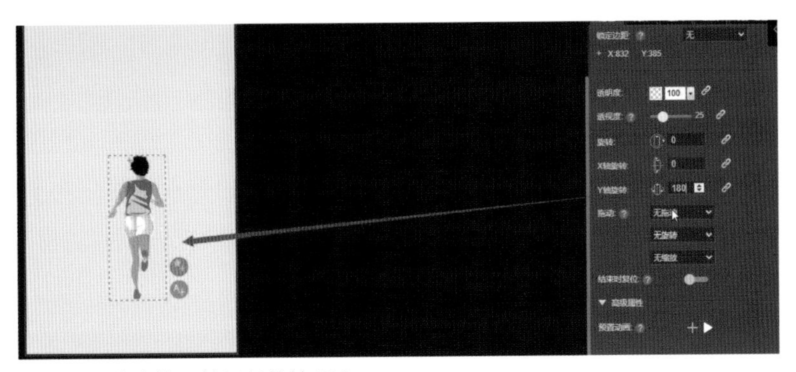

图 4-42　任务第 2 帧 Y 轴旋转 180

分别给第 1 帧人物和第 2 帧人物条件出现就暂停行为（图 4-43）。

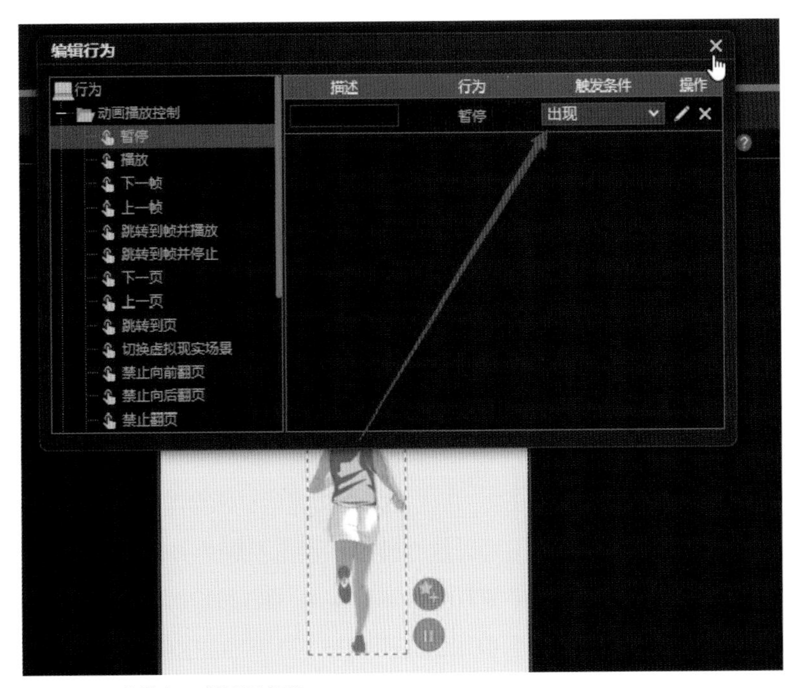

图 4-43　人物每一帧设置暂停

在舞台给人物元件取名为“人物”，选择左脚按钮，添加行为“跳转到帧并停止”，进入参数设置面板，作用对象：人物，帧号：2（图 4-44），这样就可以播放左脚落地的人物画面，右脚同理添加行为“跳转到帧并停止”，进入参数设置面板，作用对象：人物，帧号：1。

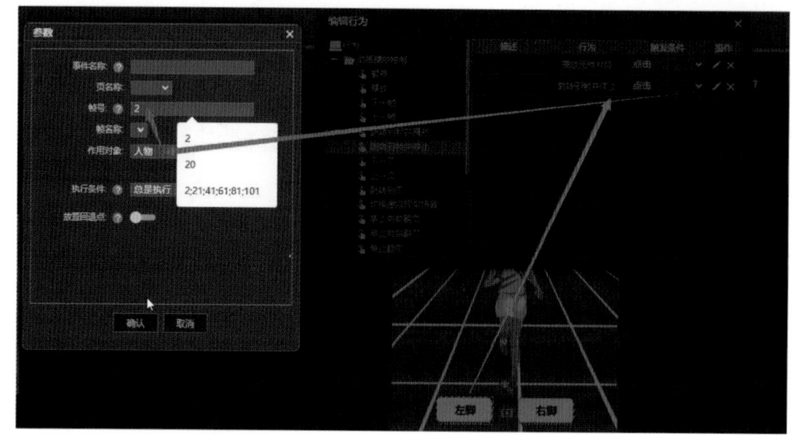

图 4-44　点击后人物跳转到第二帧

发现跑道时间太长（与交互逻辑按题目中第 3 条要求的 1 秒钟也不符合），同时横线太快，进入跑道元件删除一些帧，使其时长为 12 帧（图 4-45），即 1 秒，同时将横线向下移动距离缩短。

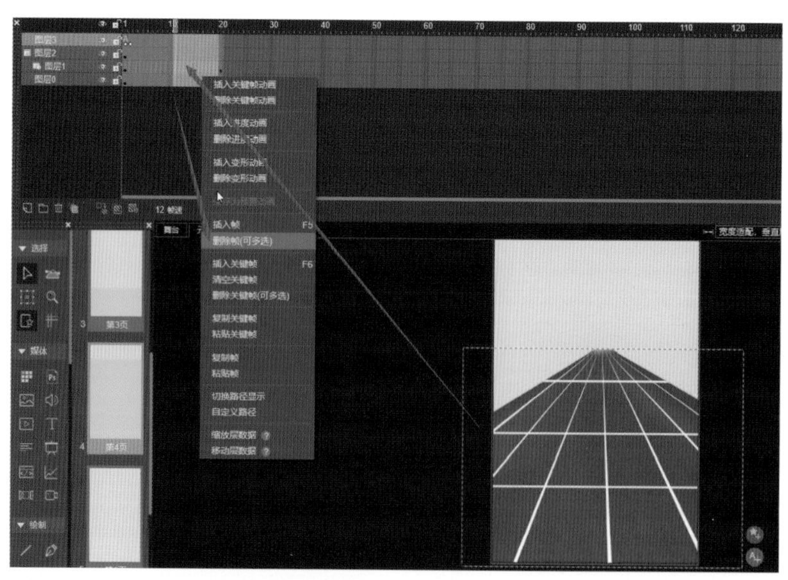

图 4-45　调整跑道的时长和横线位移

接下来当点左脚的时候，增加 50 米，再次点击左脚无效，只有点右脚的时候再增加 50 米，这样交替点击米数和跑道才会变化。可以这么理解：点击左脚为 0 米、100 米、200 米、300 米……点击右脚前为 50 米、150 米、250 米、350 米……通过这个规律我们可以得出左脚点击时候增加 50 米的执行条件来判断当前米值是否能被 100 整除，也就是把米值用 100 来取余，如果整除，取余为 0。条件成立，用表达式显示为 {{ 米 }}%100 == 0（图 4-46）。

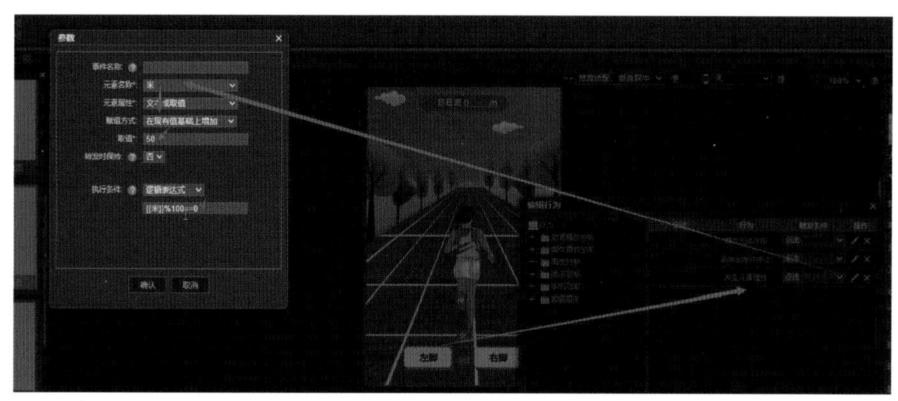

图 4-46　设置左脚点击增加 50 米的执行条件

右脚同理，设置执行条件为 {{ 米 }}%100 != 0（图 4-47）。表示米值对 100 取余不等于 0。

同理，在点击右脚按钮时候，只有第 1 次才播放跑道动画，重复点击也不能播放跑道动画，这里也需要给右脚播放跑道元件的行为添加执行条件。条件与增加米数一样，设置执行条件 {{ 米 }}%100 != 0（图 4-48）。同理给左脚播放跑道动画的行为添加执行条件为 {{ 米 }}%100 == 0。

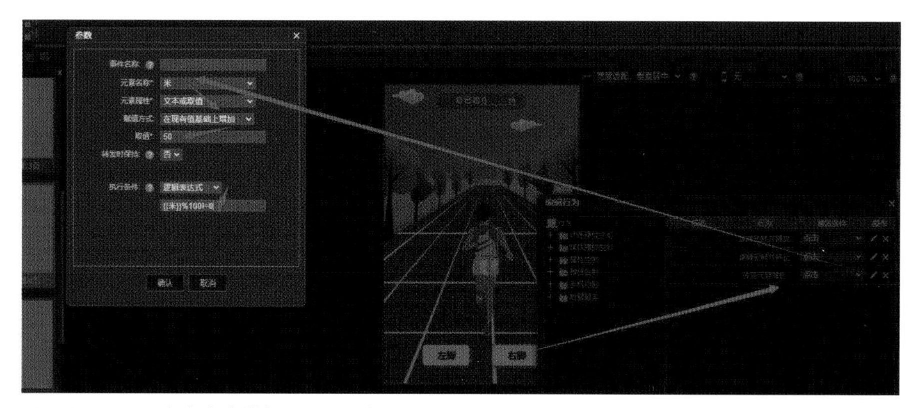

图 4-47　设置右脚点击增加 50 米的执行条件

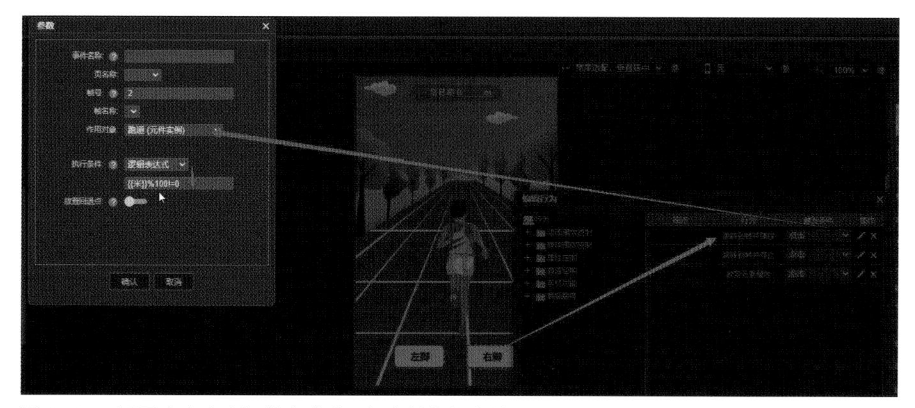

图 4-48　设置点击右脚播放跑道动画行为的执行条件

选择计时器，添加行为“跳转到页”，触发条件为“定时器到”，进入参数编辑面板，设置页名称为“P4-2”（图 4-49）。

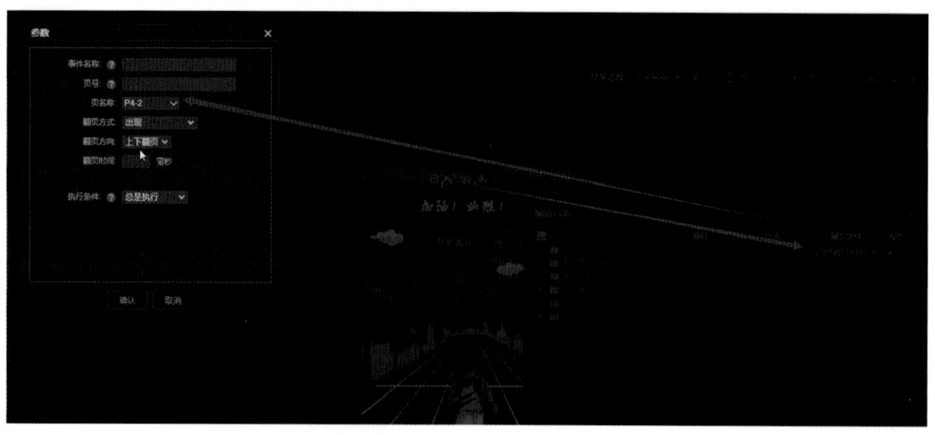

图 4-49　设置定时器时间到自动跳转到第 5 页

⑤ P4-2 画面内的技术要点。

任务类型	要求	技术要点
动画描述	飘花循环下落	利用元件制作飘花下落的关键帧动画
	马拉松狂欢条幅下移出现	添加预置动画—移入（下移）
	白色底框上移出现	添加预置动画—移入（上移）
	奖杯缓入	添加预置动画—缓入
	你已跑 × × 米上浮出现	添加预置动画—上浮
	线下马拉松预报名稍作延迟后缓入	添加预置动画—缓入（设置延迟秒数）
交互逻辑	你已跑 × × 米，× × 表示 P4-1 中所跑的步数	与上一页米值，做数据关联
	点击“线下马拉松预报名”即可跳转至 P4-3 场景	添加行为“跳转到页”

数据关联：选择共跑了 0 的里程，这个 0 字单独做的一个文本，选择它，选择右边的图标，然后关联对象：米，关联属性：文本或取值，关联方式：公式关联（图 4-50），这样就可以自动同步读出上一页跑步的数值。

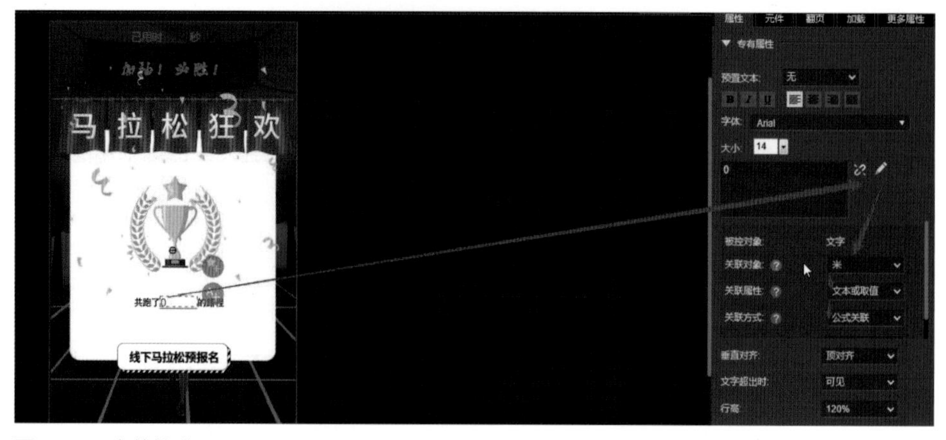

图 4-50　参数关联

⑥ P4-3 画面内的技术要点。

任务类型	要求	技术要点
动画描述	两个输入框从左侧移入	两个框成组后添加预置动画—移入
	“立即报名”按钮从下方浮入	添加预置动画—上浮
交互逻辑	输入框中可以输入姓名，手机号，且姓名格式要求为中文，手机号必须为标准的手机号码格式	姓名输入框类型：普通文本，输入限制：中文 手机号输入框类型：电话号码。输入限制：指定字符集“0123456789”，长度限制：指定长度为 11 位
	两个输入框都输入对应的内容后，点击“立即报名”按钮跳转至 P4-4 场景，否则会提醒姓名或电话的格式不正确	“立即报名”按钮添加行为“提交表单”，这个行为可以自动判断姓名或者电话的格式是否正确
	点击“立即报名”后出现黄色对勾并循环闪烁，之后切换至 P4-3 页面	提交表单操作成功后“跳转到帧”设置进入黄色对勾这 1 帧，在黄色对勾元件最后一帧设置跳转到舞台第 3 帧

提交表单的操作：选择“立即报名”按钮添加行为“提交表单”，进入参数设置面板，提交对象：勾选姓名和电话，操作成功后：跳转到帧（图 4-51），然后点击编辑，设置页名称为：P4-3，帧号：2，作用对象：舞台（图 4-52），这一帧就是我们黄色对勾所在的页面。

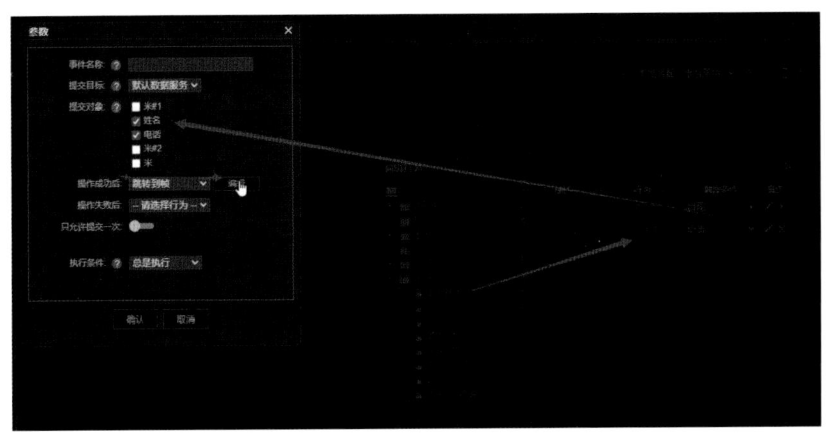

图 4-51　设置提交表单行为

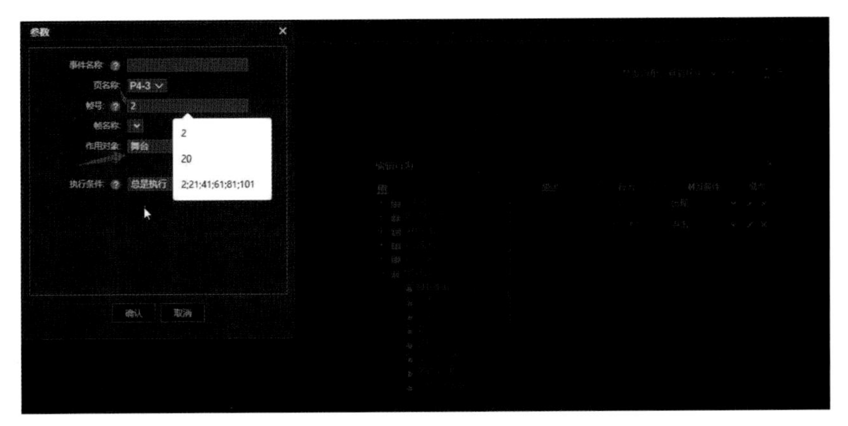

图 4-52　设置操作成功后跳转到 P4-3 第 2 帧

接着，给黄色对勾制作元件动画，使其黄色光圈闪烁动画，制作过程不再演示，重点是给元件最后一帧，添加关键帧，然后选中最后一帧内的物体，添加行为“跳转到帧并停止”，触发条件：出现，进入编辑参数面板设置页名称：P4-3，帧号：3（图 4-53）。

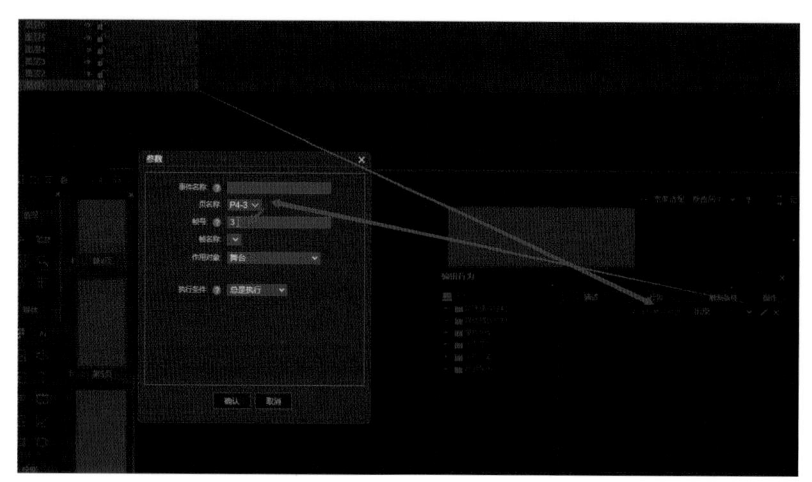

图 4-53　设置黄色对勾闪烁完毕跳转到第 3 帧

⑦ P4-4 画面内的技术要点。

任务类型	要求	技术要点
动画描述	邀请函纸张从信封中上浮出现	添加预置动画—上浮
	“返回首页”按钮从下方浮入	添加预置动画—上浮
交互逻辑	姓名下方的“张三”为 P4-3 场景输入的姓名	与前面输入的姓名做数据关联
	联系方式的电话为 P4-3 场景输入的电话号码	与前面输入的手机号做数据关联
	点击“返回首页”按钮即可返回 P2 页面，并可以重新开始游戏	添加行为跳转到页 添加行为重置属性

重置属性：因为点击“返回首页”后可以重新开始游戏，所有全页的所有元素的所有属性都需要重置一下，不然到了跑步页还没有跑步就有了数据，到了输入姓名和电话页也会显示之前输入的内容，选中“返回首页”按钮，添加行为：重置元素属性，进入编辑参数面板，元素名称：所有元素，元素属性：所有属性（图 4-54）。

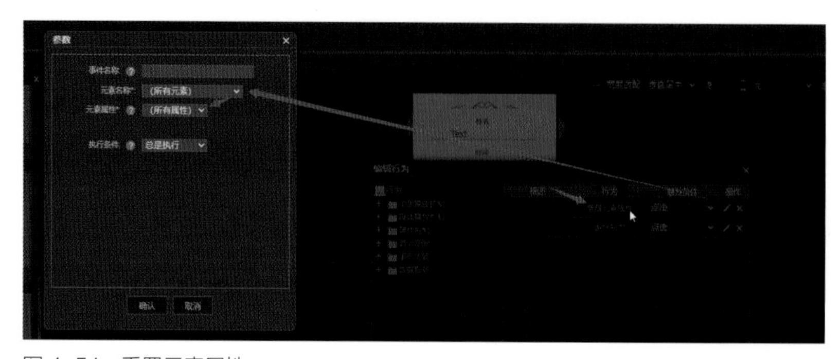

图 4-54　重置元素属性

（5）常用的逻辑表达式

A. 用 {{ 名字 }} 的方法取物体的取值（常用于读取文本值，倒计时或者计算器等默认的数值）

例：{{ 小余 }}　　　读取物体名字为小余的默认数值。

B. 用 {{ 名字 . 属性 }} 的方法取物体的属性

例：{{ 小余 .top}}　　读取物体名字为小余的上坐标。

{{ 小余 .left}}　　读取物体名字为小余的左坐标。

{{ 小余 .text}}　　读取物体名字为小余的文本或取值。

C. 用 = > < 的方法来进行比较判断

例：{{ 小余 }} > {{ 小龙 }}　当小余的默认值大于小龙的默认值时，执行行为。

{{ 小余 }} >= 20

{{ 小余 }} <= {{ 小龙 }}

{{ 小余 }} == {{ 小龙 }}

如果在执行条件那里写了逻辑表达式发现 {{abc}}=='aaa' 可能没生效时，可以尝试改成这样 '{{abc}}'=='aaa'，引号表示以字符串的形式获取值然后再进行字符串比较。

D. 用 && 表示需要同时满足某条件

例：{{ 小余 }} >= {{ 小龙 }} && {{ 小余 }} <= 100

上面的表达式意思为：当小余大于等于小龙的默认值，并且当小余小于等于 100 时执行行为。

E. 用 || 表示只需要满足其中一个条件

例：{{ 小余 }} >= {{ 小龙 }} || {{ 小龙 }} <= 100

上面的表达式意思为：当小余大于等于小龙的默认值，或者当小余小于等于 100 时都执行行为。

F. 字符串的长度

'{{ 小余 .text}}'.length>6　　.length 读取长度。

'{{ 小余 .text}}'.length != 13　判断小余的文本或取值的长度不等于 13。

这里不等于是 != 。其他许多等式不等式关系可以在百度上搜索 JS 逻辑表达式去找。

G. 取整数

~~　在表达式全面加两个波浪号，表示对该数值取整数。

H. 取小数点

{{A}}.toFixed(2)　对 A 物体的默认值取 2 位小数点。

I. 获取元件 a 中的元素 b

{{a/b}}

用于读取元件中的某个物体，一般很少用。

（6）赛前赛中心理调节

在技能竞赛中，选手的心理应该是第一位，其次是体力和耐力，第三才是技术技能。因为就技术来说，为了备战技能大赛，各校无不是精挑选手，并从教练、训练设备、竞赛工具等方面加大投入，因此，在各方体力、技术、战术训练水平实力相当的情况下，心理素质往往对比赛的胜负起着决定的作用。选手心理包括比赛前的心态和比赛中的心态。

①赛前调整心态。比赛前几天的心态调整，其中一些方法也可以在比赛期间用到。

摆脱失眠：比赛前一天晚上按正常作息时间休息。

睡觉前先做一些轻微的放松锻炼，睡觉时不要控制自己的想法，不要说“别想了，赶快睡吧”，也不要数数，因为越是提醒自己越是把自己唤醒，身体疲劳了，就不想那么多了，就入睡了。

积极自我暗示：多学会给自己一种积极放松的暗示，“我一定可以发挥得很好”“我一定可以超常发挥”等肯定自己的短句。

在学习休息之余多和自己交谈，不断地强化一种必胜的信心与信念。时间长了，就会发现这种良好的积极的心态就会成为自己的一种思维习惯。

比赛是为了使自己变得更强，不论输和赢都有“经验值”可加。

②赛中心理调节。一旦比赛开始，将精力集中到此刻，不要想结果，更不要回忆过去，不管结果或者回忆是好是坏。不要胡思乱想，专注于当下，相信自己平时刻苦的训练，足可应对任何局面。

比赛时应对怯场心理的有效方法：深呼吸放松，利用呼吸调节。这是选手临场处理情绪波动的一种心理调节方法，即通过深呼吸可以使运动员的情绪波动稳定下来。当情绪紧张激动时，呼吸短促，这时可以采用缓慢的呼气和吸气练习，则可达到放松情绪的目的。当情绪低沉时，可以采用长吸气与有力的呼气练习，能提高情绪的兴奋水平。这种方法之所以能奏效，是因为情绪状态与呼吸之间有着必然的联系。

总之，健康心理学中有句至理名言：好的心理是前进的助力器。

全国行业职业技能竞赛解析1教学视频

全国行业职业技能竞赛解析2教学视频

全国行业职业技能竞赛解析3教学视频

全国行业职业技能竞赛解析4教学视频

拓展学习

《熬夜研究所》作品视频

《百年润发》作品视频

《半条被子》作品视频

《娃哈哈解忧杂货铺》作品视频

《永不消逝的电波》作品视频

思考

（1）以 2 ~ 3 人为小组，每组收集至少 10 个优秀的 H5 作品，并对这 10 个作品进行脚本分析，每个作品保留截图和作品网址，然后分析作品的风格、H5 的类型和交互的形式（PPT，以 ×××-H5 作品赏析命名提交）。

（2）循环动画一般用什么方法实现？

（3）如何用表达式读取文本属性的数值，如何用逻辑表达式判断是否等于某个值？

（4）比赛时候遇到交互逻辑复杂的页面如何取舍？

参考文献

REFERENCES

[1]刘伟. H5移动营销：活动策划+设计制作+运营推广+应用案例[M]. 2版. 北京：清华大学出版社，2023.

[2]苏杭. H5+营销设计手册：创意、视觉、实战[M]. 北京：人民邮电出版社，2019.

[3]卢博. Photoshop H5广告设计[M]. 北京：清华大学出版社，2019.

[4]刘松异. H5移动营销广告设计全攻略[M]. 北京：人民邮电出版社，2019.

[5]彭澎. H5创意与广告设计[M]. 北京：人民邮电出版社，2019.

[6]彭澎，彭嘉琦. 可视化H5页面设计与制作：Mugeda标准教程[M]. 北京：人民邮电出版社，2020.

[7]周建国. H5页面设计与制作：全彩慕课版[M]. 北京：人民邮电出版社，2020.

[8]邱军辉，刘婧. H5融媒体制作项目式教程[M]. 北京：中国水利水电出版社，2021.

模块 1　评价表

每个学生完成学习情境的成绩评定将按学生自评、小组互评、教师评价三阶段进行，并按自评占 20%，小组互评占 30%，教师评价占 50% 作为每个学生综合评价结果。

组别：________________　姓名：________________　学号：________________

学生自评表

学习情景 1	垃圾分类 H5 设计			
序号	评价项目	评价标准	分值 / 分	得分
1	平台使用	能熟练使用 Photoshop 等软件、易企秀在线编辑平台	10	
2	素材设计	素材有较好的识别性、艺术性、创新性	10	
3	色彩搭配	新颖、协调	8	
4	风格把控	元素风格统一，画面整体均衡	8	
5	动效制作	动画设置合理、流畅	10	
6	媒体播放	背景音乐、按钮等交互音效合理使用	5	
7	应用数据	作品发布后的浏览数据和点击率	8	
8	工作态度	态度端正，无缺席、迟到、早退现象	8	
9	工作质量	能按计划完成工作任务	8	
10	工作效率	快速高效完成工作任务	5	
11	协调能力	与小组成员、同学之间能合作交流，协调工作	5	
12	职业素质	善于查阅并借鉴相关资料	5	
13	创新意识	在 H5 设计制作上有创新点	10	
合计			100	

学生互评表

学习情景 1		垃圾分类 H5 设计														
评价项目	分值 / 分	等级								评价对象（组别）						
										1	2	3	4	5	6	7
平台使用	8	优		良		中		差								
素材设计	8	优		良		中		差								
色彩搭配	8	优		良		中		差								
风格把控	8	优		良		中		差								
动效制作	8	优		良		中		差								
媒体播放	8	优		良		中		差								
应用数据	5	优		良		中		差								
工作态度	6	优		良		中		差								
工作质量	8	优		良		中		差								

续表

学习情景 1	垃圾分类 H5 设计														
评价项目	分值 / 分	等级								评价对象（组别）						
工作效率	6	优		良		中		差								
协调能力	8	优		良		中		差								
职业素质	10	优		良		中		差								
创新意识	10	优		良		中		差								
合计	100															

教师综合评价表

学习情景 1		垃圾分类 H5 设计				
评价项目		评价标准			分值 / 分	得分
考勤（10%）		无迟到、早退、旷课现象			10	
工作过程（60%）	平台使用	能熟练使用 Photoshop 等软件、木疙瘩在线编辑平台			5	
	素材设计	素材有较好的识别性、艺术性、创新性			5	
	色彩搭配	新颖、协调			5	
	风格把控	元素风格统一，画面整体均衡			5	
	动效制作	动画设置合理、流畅			8	
	媒体播放	背景音乐、按钮等交互音效合理使用			3	
	应用数据	作品发布后的浏览数据和点击率			3	
	工作态度	态度端正，无缺席、迟到、早退现象			3	
	工作质量	能按计划完成工作任务			5	
	工作效率	快速高效完成工作任务			3	
	协调能力	与小组成员、同学之间能合作交流，协调工作			5	
	职业素质	善于查阅并借鉴相关资料			3	
	创新意识	在 H5 设计制作上有创新点			7	
项目成果（30%）	工作完整	能按时完成任务			5	
	工作规范	能按规范要求设计			10	
	设计效果	能正确识读策划书并按要求设计			10	
	成果展示	能准确表达汇报工作成果			5	
合计					100	
综合评价		自评（20%）	小组互评（30%）	教师评价（50%）	综合得分	

模块 2　评价表

每个学生完成学习情境的成绩评定将按学生自评、小组互评、教师评价三阶段进行，并按自评占 20%，小组互评占 30%，教师评价占 50% 作为每个学生综合评价结果。

组别：________________　姓名：________________　学号：________________

学生自评表

学习情景 1		城市快递 H5 设计		
序号	评价项目	评价标准	分值 / 分	得分
1	平台使用	能熟练使用 Photoshop 等软件、木疙瘩在线编辑平台	10	
2	素材设计	素材有较好的识别性、艺术性、创新性	10	
3	色彩搭配	新颖、协调	8	
4	风格把控	元素风格统一，画面整体均衡	8	
5	动效制作	动画设置合理、流畅	10	
6	媒体播放	背景音乐、按钮等交互音效合理使用	5	
7	应用数据	作品发布后的浏览数据和点击率	8	
8	工作态度	态度端正，无缺席、迟到、早退现象	8	
9	工作质量	能按计划完成工作任务	8	
10	工作效率	快速高效完成工作任务	5	
11	协调能力	与小组成员、同学之间能合作交流，协调工作	5	
12	职业素质	善于查阅并借鉴相关资料	5	
13	创新意识	在 H5 设计制作上有创新点	10	
合计			100	

学生互评表

学习情景 1		城市快递 H5 设计														
评价项目	分值 / 分	等级								评价对象（组别）						
										1	2	3	4	5	6	7
平台使用	8	优		良		中		差								
素材设计	8	优		良		中		差								
色彩搭配	8	优		良		中		差								
风格把控	8	优		良		中		差								
动效制作	8	优		良		中		差								
媒体播放	8	优		良		中		差								
应用数据	5	优		良		中		差								
工作态度	6	优		良		中		差								
工作质量	8	优		良		中		差								

续表

学习情景 1		城市快递 H5 设计														
评价项目	分值 / 分	等级								评价对象（组别）						
工作效率	6	优		良		中		差								
协调能力	8	优		良		中		差								
职业素质	10	优		良		中		差								
创新意识	10	优		良		中		差								
合计	100															

教师综合评价表

学习情景 1		城市快递 H5 设计		
评价项目		评价标准	分值 / 分	得分
考勤（10%）		无迟到、早退、旷课现象	10	
工作过程(60%)	平台使用	能熟练使用 Photoshop 等软件、易企秀在线编辑平台	5	
	素材设计	素材有较好的识别性、艺术性、创新性	5	
	色彩搭配	新颖、协调	5	
	风格把控	元素风格统一，画面整体均衡	5	
	动效制作	动画设置合理、流畅	8	
	媒体播放	背景音乐、按钮等交互音效合理使用	3	
	应用数据	作品发布后的浏览数据和点击率	3	
	工作态度	态度端正，无缺席、迟到、早退现象	3	
	工作质量	能按计划完成工作任务	5	
	工作效率	快速高效完成工作任务	3	
	协调能力	与小组成员、同学之间能合作交流，协调工作	5	
工作过程(60%)	职业素质	善于查阅并借鉴相关资料	3	
	创新意识	在 H5 设计制作上有创新点	7	
项目成果（30%）	工作完整	能按时完成任务	5	
	工作规范	能按规范要求设计	10	
	设计效果	能正确识读策划书并按要求设计	10	
	成果展示	能准确表达汇报工作成果	5	
合计			100	
综合评价	自评（20%）	小组互评（30%）	教师评价（50%）	综合得分

模块3　评价表

每个学生完成学习情境的成绩评定将按学生自评、小组互评、教师评价三阶段进行，并按自评占 20%，小组互评占 30%，教师评价占 50% 作为每个学生综合评价结果。

组别：＿＿＿＿＿＿＿＿　姓名：＿＿＿＿＿＿＿＿　学号：＿＿＿＿＿＿＿＿

学生自评表

学习情景 1		方言考题 H5 设计		
序号	评价项目	评价标准	分值 / 分	得分
1	平台使用	能熟练使用 Photoshop 等软件、木疙瘩在线编辑平台	10	
2	素材设计	素材有较好的识别性、艺术性、创新性	10	
3	色彩搭配	新颖、协调	8	
4	风格把控	元素风格统一，画面整体均衡	8	
5	动效制作	动画设置合理、流畅	10	
6	媒体播放	背景音乐、按钮等交互音效合理使用	5	
7	应用数据	作品发布后的浏览数据和点击率	8	
8	工作态度	态度端正，无缺席、迟到、早退现象	8	
9	工作质量	能按计划完成工作任务	8	
10	工作效率	快速高效完成工作任务	5	
11	协调能力	与小组成员、同学之间能合作交流，协调工作	5	
12	职业素质	善于查阅并借鉴相关资料	5	
13	创新意识	在 H5 设计制作上有创新点	10	
合计			100	

学生互评表

学习情景 1		方言考题 H5 设计														
评价项目	分值 / 分	等级								评价对象（组别）						
平台使用	8	优		良		中		差		1	2	3	4	5	6	7
素材设计	8	优		良		中		差								
色彩搭配	8	优		良		中		差								
风格把控	8	优		良		中		差								
动效制作	8	优		良		中		差								
媒体播放	8	优		良		中		差								
应用数据	5	优		良		中		差								
工作态度	6	优		良		中		差								
工作质量	8	优		良		中		差								

续表

学习情景 1		方言考题 H5 设计														
评价项目	分值 / 分	等级								评价对象（组别）						
工作效率	6	优		良		中		差								
协调能力	8	优		良		中		差								
职业素质	10	优		良		中		差								
创新意识	10	优		良		中		差								
合计	100															

教师综合评价表

学习情景 1		方言考题 H5 设计		
评价项目		评价标准	分值 / 分	得分
考勤（10%）		无迟到、早退、旷课现象	10	
	平台使用	能熟练使用 Photoshop 等软件、易企秀在线编辑平台	5	
	素材设计	素材有较好的识别性、艺术性、创新性	5	
	色彩搭配	新颖、协调	5	
	风格把控	元素风格统一，画面整体均衡	5	
	动效制作	动画设置合理、流畅	8	
	媒体播放	背景音乐、按钮等交互音效合理使用	3	
	应用数据	作品发布后的浏览数据和点击率	3	
	工作态度	态度端正，无缺席、迟到、早退现象	3	
	工作质量	能按计划完成工作任务	5	
	工作效率	快速高效完成工作任务	3	
	协调能力	与小组成员、同学之间能合作交流，协调工作	5	
	职业素质	善于查阅并借鉴相关资料	3	
	创新意识	在 H5 设计制作上有创新点	7	
项目成果（30%）	工作完整	能按时完成任务	5	
	工作规范	能按规范要求设计	10	
	设计效果	能正确识读策划书并按要求设计	10	
	成果展示	能准确表达汇报工作成果	5	
合计			100	
综合评价	自评（20%）	小组互评（30%）	教师评价（50%）	综合得分

模块 4　评价表

每个学生完成学习情境的成绩评定将按学生自评、小组互评、教师评价三阶段进行，并按自评占 20%，小组互评占 30%，教师评价占 50% 作为每个学生综合评价结果。

组别：＿＿＿＿＿＿＿＿　姓名：＿＿＿＿＿＿＿＿　学号：＿＿＿＿＿＿＿＿

学生自评表

学习情景 1		公益命题互动广告 H5 设计		
序号	评价项目	评价标准	分值 / 分	得分
1	平台使用	能熟练使用 Photoshop 等软件、木疙瘩在线编辑平台	10	
2	素材设计	素材有较好的识别性、艺术性、创新性	10	
3	色彩搭配	新颖、协调	8	
4	风格把控	元素风格统一，画面整体均衡	8	
5	动效制作	动画设置合理、流畅	10	
6	媒体播放	背景音乐、按钮等交互音效合理使用	5	
7	应用数据	作品发布后的浏览数据和点击率	8	
8	工作态度	态度端正，无缺席、迟到、早退现象	8	
9	工作质量	能按计划完成工作任务	8	
10	工作效率	快速高效完成工作任务	5	
11	协调能力	与小组成员、同学之间能合作交流，协调工作	5	
12	职业素质	善于查阅并借鉴相关资料	5	
13	创新意识	在 H5 设计制作上有创新点	10	
合计			100	

学生互评表

学习情景 1		公益命题互动广告 H5 设计														
评价项目	分值 / 分	等级								评价对象（组别）						
										1	2	3	4	5	6	7
平台使用	8	优		良		中		差								
素材设计	8	优		良		中		差								
色彩搭配	8	优		良		中		差								
风格把控	8	优		良		中		差								
动效制作	8	优		良		中		差								
媒体播放	8	优		良		中		差								
应用数据	5	优		良		中		差								
工作态度	6	优		良		中		差								
工作质量	8	优		良		中		差								

续表

学习情景 1	公益命题互动广告 H5 设计															
评价项目	分值 / 分	等级								评价对象（组别）						
工作效率	6	优		良		中		差								
协调能力	8	优		良		中		差								
职业素质	10	优		良		中		差								
创新意识	10	优		良		中		差								
合计	100															

教师综合评价表

学习情景 1		公益命题互动广告 H5 设计			
评价项目		评价标准		分值 / 分	得分
考勤（10%）		无迟到、早退、旷课现象		10	
工作过程（60%）	平台使用	能熟练使用 Photoshop 等软件、易企秀在线编辑平台		5	
	素材设计	素材有较好的识别性、艺术性、创新性		5	
	色彩搭配	新颖、协调		5	
	风格把控	元素风格统一，画面整体均衡		5	
	动效制作	动画设置合理、流畅		8	
	媒体播放	背景音乐、按钮等交互音效合理使用		3	
	应用数据	作品发布后的浏览数据和点击率		3	
	工作态度	态度端正，无缺席、迟到、早退现象		3	
	工作质量	能按计划完成工作任务		5	
	工作效率	快速高效完成工作任务		3	
	协调能力	与小组成员、同学之间能合作交流，协调工作		5	
	职业素质	善于查阅并借鉴相关资料		3	
	创新意识	在 H5 设计制作上有创新点		7	
项目成果（30%）	工作完整	能按时完成任务		5	
	工作规范	能按规范要求设计		10	
	设计效果	能正确识读策划书并按要求设计		10	
	成果展示	能准确表达汇报工作成果		5	
合计				100	
综合评价		自评（20%）	小组互评（30%）	教师评价（50%）	综合得分